POWERFUL TOOLS
TO MAXIMIZE YOUR IMPACT AND INFLUENCE,
BUILD TRUST AND TEAMS,
AND RESPOND TO CHALLENGES

7大面向，116種問題，菜鳥也能快速對應

管理者解答之書

BARBARA MITCHELL & CORNELIA GAMLEM

芭芭拉・米切爾 & 科妮莉亞・甘倫 ——著

目錄

引言

如何使用本書

恭喜你成為了一位管理者！你可能是一位新任的管理者，第一次遇到棘手問題；也可能是一位經驗豐富的管理者，但從來沒有遇過類似問題。你可能加入了一家新公司、新組織或新產業，遇到的情況和以前迥然不同。

當然，在你所管理的部門，你十分專業，但在其他領域，你仍需要了解許多不同層面的知識。無論你是一位新任管理者，還是經驗豐富的管理者，你的職責都非常重要。有時一些新的狀況可能會讓你不知所措，不知道該從何處著手，甚至不知道要問什麼問題！你會手忙腳亂地選擇舉手投降。但是這種情況下，任何管理者都不應該感到孤立無援。

這就是本書的有用之處。本書使用方便，以問答的形式提供多面向的管理資訊。

你可以從以下幾個方面得到方向：

從部屬變成主管：過渡期的困惑詳解。無論你是第一次做管理者，還是剛剛成為一個新公司的管理者，都可能令員工心生畏懼。第一章介紹了是否應該效仿優秀或能力欠佳的前任管理者，如何從職員晉升為管理者，如何改善關係、達成團隊目標和預算，以及如何管理專案和資源等一連串問題。

管理技能養成：成為一名稱職的主管。除了要掌握你所處領域的專業知識，管理者還必須具備一些其他技能。你可能已經擁有良好的溝通技巧，例如善於講故事或管理時間等。但是，要成為一位高效管理者，你還需要學會如何委派、激勵、指導、諮詢、調解和促進團隊工作，第二章除了闡述這些主題，還介紹了一些其他相關的內容。

建立團隊：管理你的員工。員工管理是你工作中很重要的部分。從招募員工開始，到其後的相關事項，包括員工報到、幫助員工設定期望目標、提供回饋、頒布獎勵、給予認可讚賞和關係維繫等，第三章介紹了作為一名高效管理者，你需要了解的相關問題。

打造個人品牌：形成深度影響力。形象和信譽對於你和你的團隊來說都至關重要，遠比外表和表現更加重要。本書介紹了許多最佳管理的實際案例，包括如何建立信任、言傳身教、樹立榜樣、提高信譽、規避弱勢，以及培養情緒智商。第四章列舉了這些主題的相關注意事項，幫助你明白為何打造個人品牌如此重要。

培養全局觀：影響職權之外的人。管理不僅僅是指管理自己的團隊，你還必須了解組織內其他部門如何運作。第五章介紹了這個主題的相關內容，以及如何管理職權範圍之外的人員，並了解相應情況。

潛在地雷：避免團隊中的潛在問題。在形勢變化極具風險的情況下，管理者作出的決策很可能會適得其反，讓團隊陷入困境或爆發衝突。第六章敘述如何管理遠距工作、世代差異以及如何了解外部需求等主題。

認識法律條款：辨識法律陷阱。如果你有事先思考過，一旦真正遇到的時候就知道如何處理，第七章有一些法律和規定，讓你能更了解在工作中可能會遇到的法律問題。（此處提及的是作者身處的美國相關法條）

從本質上來說，本書提供的資訊是普遍性的，但具體策略和準則會因組織和產業的不同而有所差別。與製造業、醫療保健服務業或政府部門相比，學術界和非營利組織可能具有不同的程序和準則，而且，組織規模也會影響工作方法和可用資源。我們通常會建議你徵詢法律或人力資源，這種專業的支援既可能來自內部部門也可能是來自外部。因此，你必須要花時間和精力去了解你的組織是如何完成工作。

這本書可以幫助管理者了解團隊狀況，以防遭遇突發事件時作出錯誤判斷，並列舉出管理者在自己的專業領域之外可能會面臨的多種情況和問題。此外，本書對《人力資源大辭典》（*The Big Book of HR*）同時作了一些補充。

Chapter 01 過渡期的困惑：從下屬變成主管

在職業生涯中一個令人興奮的時刻——成為一名管理者，這是一件可喜可賀的事情。但同時你也承擔了新的責任，你可能有很多問題，卻沒有對應的答案。以下是開始使用本書的一個建議：如果在你的職業生涯中，曾出現過幾位優秀的管理者，那麼請想想他們為你做過什麼，你可以從以下的問題中反思，探尋深刻的見解。

☹問題：

我接手了公司的管理職務，前任管理者深受所有員工、同業和上司尊敬，但我不是他，可能會有不同的做事風格。當然了，我不想因此疏遠同事，我該如何與部屬們有一個好的開始？

答案：你的前任管理者受到員工愛戴有很多原因。最重要的原因可能是因為他的工作能力很強。成功的管理者會聘請優秀的員工，他們都擁有各自的專長。當你開始新的工作時，了解你的部屬才是重中之重。清楚他們的工作職責以及他們每個人的專長，並信任他們。一般來說，他們已經在你管理的組織或其他地方工作了很久。你的團隊成員對公司體系十分了解。如果他們已經在公司工作了一段時間，那麼他們知道的可能比你的上司了解得還多；你可以請教同業，但他們不一定知道如何將所學的知識應用於你的部門或團隊工作，可是你的部屬能做到這一點，而且你需要充分運用部屬所提供的訊息。

作為管理者，不要停留在對員工微觀管理的層次，必須要關心他們的工作成果。如果從一開始就要求大家提供大量的資訊、彙報工作，那麼你需要對他們解釋，這是為了更了解他們的工作和業績，但不會一直如此。

作為管理者，不要隨意重新分配部屬的工作和職責。但是，當你了解每位同仁的工作量時，可能就需要作出改變。同時，你還要考慮到所有會因此受到影響的人。另外，不要隨意更改程序和流程。管理者應聽取員工的建議，畢竟他們才是實際工作的人。請記住，在你以前工作過的公司中能發揮作用的方法，在新公司也許並不適用。事實上，他們可能已經嘗試了你曾提出的建議，但沒有奏效。明智的做法是聽取他們的意見，隨意作出改變可能會使部屬喪失信心，失去工作動力。

了解並尊重部屬在公司內外建立的工作關係。他們努力與同業、上司、顧客、客戶和服務提供商建立工作關係，並在專業領域建立良好的聲譽。你應該尊重他們的工作關係，不要試圖利用它來謀取私利。一旦部屬有機會更了解你並信任你，他們就會很樂意向你引介他們的工作關係網絡。

最重要的是，讓部屬有時間適應新的領導管理方式。前任管理者剛剛離開，他們此時正處於情感低潮階段。作為新管理者，你要傾聽他們的心聲並使他們有時間調整適應，同時贏得他們的尊重和信任！

☹問題：

我剛接手管理工作，接替一位即將退休的管理者，我已經聽說了他在職期間的很多缺點，他留下很多問題，最大的問題是他一貫的「凡事無所謂」的態度。高層希望我提高該部門的工作效率。我該如何與部屬相處呢？

答案：這個問題極具挑戰性。聽起來好像部門員工因為前任管理者缺乏控制力而散漫怠工，並期望你保持現狀。但這並不意味著你應該躡手躡腳地採取整治措施。

很顯然，如果想與每位部屬建立融洽的關係，你應該了解他們如何看待自己的工作職責，並將「部屬的看法與相應的工作細則」和「管理者對工作的理解」做比較，這會有助於你發現問題。

讓部屬清楚知道你對他們和部門的期望。不管部屬怎樣想，他們往往是真的很想知道管理者對他們的期望。不要只是簡單地告訴他們你的期望，還要說出為什麼你有這樣的期望。要以實際且具體的事項說明（例如，「我們是為大眾服務，所以準時上班十分重要」）。

讓團隊意識到事情會發生變化，並會隨著大家的調整而有所不同。你應該徵求他們的意見，特別是當你打算更改程序或協議的時候。讓他們知道你會考慮他們所有的想法和意見，而且你會在與管理層協商後作出最終決定。這種方法將有助於管理部屬們的期望。

提醒他們：大家是一個團隊，從本質上來講，我們在為同一個組織工作。通常，員工認為他們在為某個特定的人工作。在這種情況下，他們可能會認為是在為前任管理者工作，而不是為公司工作。你應該要讓部屬意識到：大家都支持公司及其利益相關者，例如顧客和客戶，並強調你作為管理者，有責任確保團隊為利益相關者服務。你和部屬的關係不只是管理者與被管理者如此簡單。

實際行動勝於言語。向部屬們展現你是團隊的一員，並且重視每位同事的工作。如果情況需要，你也願意幫助他們完成日常工作。主動幫助部屬更加理解他們的工作，有助你獲得他們的信任。

最後，如果必要，與部屬溝通在哪些方面他們需要作出改變，並告訴他們這麼做的原因。另外，在進行改變前，一定要事先及時通知他們，這能提升你的信譽。

記住，這是一個調整期，是一個過程。給部屬們時間調整，讓他們對公司負責。

☹問題：

我的新工作代表我要管理曾經的同事和朋友，除了分配工作和監督專案進度外，我還需要評估他們的表現。有沒有辦法讓他們知道情況已經和過去有所不同，我們必須改變合作方式？

答案：你面臨到艱難的工作，因為要改變職責並管理自己的朋友並不容易，但是成功地從同事變成上司是完全可能的，一旦你決定改變，這個過程就會馬上開始。

你的公司選擇你擔任這個職務，是因為你已經展現出一位優秀管理者應具備的素質，包括激勵他人、良好的管理能力以及出色的溝通能力。如果你需要增進自己的技能，那麼有許多書籍、影片和部落格都能助你達成目標。

你與團隊成員的第一次會議非常重要，但你可能想讓他們在幾天之後才知道會議的消息，直到你完全準備好。讓他們適應你現在是他們的管理者，再讓他們知道你對他們的期望。他們需要得到你的承諾：你願意以任何可能的方式來支持他們，並幫助他們走出困境，以便他們可以安心工作。你可能會因為與某些人的私人關係而感到不安，因為他們可能知道許多你不為人知的一面。

你要與每個向你報告的人進行一對一會談，並表明你的期望。讓他們知道你的部門目標，以及你看到了他們為達成目標所作出的貢獻。清楚地表明你重視每個人及他們對公司的貢獻，同時提醒他們現在你扮演的是另一個角色。

在這些談話中，你要對團隊成員的想法保持專業和開放態度。告知他們，你會讓他們對自己的工作負責，而且你會以任何可能的方式支持他們。讓他們表達出自己的擔憂，消除他們的焦慮。對每個人作出承諾：你和他們相處時都會保持平等和坦誠的態度。

現在是時候弄清楚你的新角色的另一面。此刻起你要為團隊的業績負責，你要承擔很多額外的責任，參加許多額外的會議，所以你可能無能像之前那樣參加午餐聚會或下班後的活動。你當然不想切斷與團隊的所有非正式接觸，但是你不得不減少一些社交活動。

團隊之中可能有人無法處理新的關係，你將不得不作出艱難的決定，但這正是管理者要做的。請記住，你的職責在於促成團隊和公司的成功。如果你需要幫助，可以向公司的人力資源尋求協助。在履行你的新職責或管理團隊時，如果你有職涯上的導師，這是尋求他們指導的最佳時機。

😐 **問題：**

我正在進入成為主管的新角色中，也正努力與部門團隊建立良好的關係，但是我不確定這是否足夠，我還應該做些什麼？

答案：對於新的管理者來說，無論是剛剛進入一個角色還是一個組織，適應並學習如何完成工作都是一個巨大的挑戰。除了了解公司，另一重點是培養政治頭腦，你需要從了解公司的結構和複雜開始著手。一些公司具有傳統的層級結構，有些是扁平化組織結構，或者是矩陣式組織結構——經常在跨職能團隊中工作。公司的結構將會影響資訊流動的方式，理解這一點至關重要，所以身為管理者，要儘早了解並學習這一點。同樣重要的是，確認資訊守門人——控制資訊流的人。另外，請留意「創意」如何在公司中流動：它們是否自由流動？團隊成員能否自由地依照良好的建議行事，或者至少可以提出良好的建議？

實際管理需要各個部門之間互相溝通交流。要善於觀察並提出問題，注意周圍人的行為舉動。這項工作是如何完成？人們對你的部門有何看法？你得到的回饋是積極的還是消極的？不要輕信傳聞，找到消息來源以獲取最佳訊息，並鼓勵他人批評指教。若你對需要改變的地方不是十分了解，那麼就無法作出任何行之有效的改進。

在你的管理生涯中，好奇心能發揮極為重要的作用。好奇的人從未停止學習，因為他們一直在提問，會去研究自己專業領域之外的知識並不斷探索。保持好奇心並善於提問是吸引他人的好方法。

密切注意公司的工作進展。首先，要知道其他部門或團隊所做的事，這樣不僅可以了解工作內容，還可以知曉更多其他管理者的相關訊息。其次，你要真誠待人，讓他們知道你想要詳細了解他們的工作和團隊。最後，認真傾聽他們的意見！

如果你保持好奇心，就能積極了解公司內部和外部所面臨的挑戰。這能夠幫助你更深入地了解公司的進展情況以及部屬遇到的問題。這也是你與公司成員建立新關係的好方法！

☺問題：

現在我是一名管理者，有人告訴我，我必須具備洞察力，了解「他人對我和我的行為的看法」。我一直認為自己是個直言不諱的人，我必須改變自己的行為方式嗎？

答案：對於「如何看待別人的想法」，你已經得到了一些很好的建議，但這並不意味著你必須改變自己，你只需要注意如何表現自己即可。你的團隊、同事及上司都會時刻關注你，他們會因為你的新角色而對你有新的期望，也會根據你的所作所為對你加以評價。

那麼，當你適應新的角色時，你究竟應該注意什麼呢？以下是你需要注意的地方：

- **服飾和外表**。現在的工作場所確實變得比之前更加休閒，因此，根據不同產業和工作場所的特徵，日常工作中的穿著要以舒適為主。但是，即使你的工作場所很休閒，也要避免穿任何奇裝異服，因為這可能會帶給你負面影響。所有造型師和形象顧問都會建議：不管何時何地都要有合宜的穿著。若要在外洽公，你可能需要放棄休閒的裝扮，選擇更傳統的正式服裝。除了穿著外，也不要忘記定期照照鏡子，以確保自己時刻保持整潔。你應該不想讓人看起來像個不修邊幅的人吧。

- **工作空間**。每個人都有不同的工作方式，好讓自己能達到最高的工作效率。有些人的辦公桌上文件夾擺放得整整齊齊，有些人的卻亂成一團。請記住，你的工作空間狀況會影響人們對你的印象。他們會看到一個忙碌的管理者、還是一團亂七八糟的景象？雖然有些人可能喜歡在相對整潔的辦公環境工作，但沒有人希望你的工作空間始終保持一塵不染。注意，不要把東西隨意擺放在辦公室周圍（例如，把盒子或成堆的東西堆在地上）。因為這種習慣不會讓你脫穎而出。

- **言語談吐**。毫無疑問，在工作場所中你應該使用產業術語，盡量避免使用俚語和方言。你可能喜歡輕鬆且隨意的溝通方式，這在你以前的工作環境中或許並無不當之處，但如今你已經到了一個新的工作環境，不是每個人都會喜歡那種溝通和互動方式，當你用諷刺或挖苦的語氣來回應別人時，他們可能不認為你僅僅是在開玩笑而已。

- **舉止禮儀**。在商務餐會中請注意餐桌禮儀，不要忽略大家都知道的常識。當別人向你介紹其他人時，如果你坐著，請站起來並與對方握手，或以其他方式問候他們。在介紹過程中重複他們的名字（例如，「很高興認識你，瑪麗．史密斯」）。要直視他們，不要打斷他們的發言。多用「請」、「謝謝你」、「請諒解」的話語。態度要親切，樂於接受稱讚。準時到場，但如果你遲到了，最好提前通知晚宴負責人，抵達後盡量低調入座，不要打擾到其他人。

股神華倫．巴菲特（Warren Buffett）說：「建立聲譽需要二十年時間，而破壞它只需要五分鐘。做事之前認真考慮，你就會採取不同的方式。」

😐 **問題：**

我正在適應新的管理職責，但同時發現，我和之前能一起集思廣益的人失去了聯繫，我應該從何處尋求幫助，來使我的管理工作效率最大化？

答案：很多新的管理者都會遇到這類問題，因為他們認為自己應該能夠做到一切，但尋求幫助並不是軟弱的表現！做一名管理者並不簡單，所以如果有必要，不要猶豫，儘管去尋求支援。許多管理者都嘗試做所有的事情，因為他們認為自己應該了解一切，而且不希望別人認為他們並非全能。這是一個極大的錯誤，正是如此，才有無數管理者斷送了自己的職業生涯。當你意識到自己無法獨立完成所有工作，你就領先他人了。

仔細思考在公司中是否有可以幫助你適應新角色的人。如果沒有，請在公司內部或外部尋求支援。一個好的職涯導師絕對能幫助你成功管理你的團隊。一定要選擇知識淵博、值得信賴的職涯導師。

你也可以考慮與公司中的其他管理者談一談，即使是經驗豐富的人也會偶爾需要幫助。和他們約定見面時間，設定一些原則（例如不要無故離席等），確保你們彼此之間可以開誠布公、坦誠相見。我相信每位管理者都具備其他人想要了解的知識、技能或專長，並在需要時使用。要善於運用這些免費資源。

不要忽略公司外的同行，他們也可以成為你的真正資產。這些通常是非正式的社交團體，成員們一起探討問題、集思廣益。這會非常有用，因為成員可能會遇到類似問題並面對相同的挑戰。當然，制定保密規則至關重要！

在你試圖提高自己的管理能力時，可以運用任何能蒐集到的網路研討會、**Podcast**、書籍和文章，這些也能幫助你解決管理問題。有無數的資源可以幫助你對自己的能力產生信心。觀看TED演講和YouTube影片同樣可以獲得很多能使用的精采創意。

我強烈建議你要成為終身學習者。管理是一項非常具有挑戰性的工作，沒有人知道如何解決所有問題。每個管理者時不時都要面臨十分困難的情況。不斷提出問題、進行閱讀、學習並嘗試新想法，加強自己作為管理者的競爭力。你的部屬、同事和高階管理團隊會十分欣賞這一點，你也會成為一名更好的管理者！

😐 問題：

我得到了一個建議，但並不是很理解。有一位同事建議我，作為新任管理者，我應該有一個私人顧問團。對此你怎麼看？

答案：你的同事為你提供了很好的建議，但他應該詳細解釋這個建議的緣由。所有管理者都應該與可信賴的顧問時常聯絡，徵求他們的誠懇忠告和回饋意見。

首先，你要關注你的團隊成員。作為一名新上任的管理者，你可能會處於不利地位，因為你並沒有親自面試聘用團隊成員，但是你應該對他們各自的優勢有所了解，且熟悉各部門的專家是誰。當你集中精力在壯大自己的團隊並打算應徵新員工時，要記住，你需要的是強大且有能力的部屬，不是只會阿諛奉承之人（儘管他們可能對你的意見有疑慮，但也會爭先恐後地吹捧你）。

你的顧問團除了直屬團隊中的成員外，也要包括公司中的其他同事，他們應該能暢所欲言地告訴你：

- **真相（而非他們認為你想聽的話）**。這可能是對你提議的人中最重要的一項特質，因此，請謹慎選擇並讓他們清楚你的目的。
- **即使你不問，他們也能勇敢指出你的過錯**。一旦開始採取行動，你不希望從其他人那裡得知問題所在。當成員們認為你已經犯錯或可能犯錯時，你要能儘早知道。

- **你的盲點在哪裡**。我們都受到過去經歷的影響，往往不想承認自己的弱點，所以更應該讓人們無懼且禮貌地指出你的不足之處。

在挑選顧問時，你應該選擇那些有勇氣質疑你的人。他們敢於和你辯論，甚至讓你放慢腳步重新思考。徵求持有不同觀點的成員看法，把大家聚集起來一起討論。注意他們的討論內容，若他們對某個話題比你更加清楚的話，一定要虛心請教。最重要的一點是：一定要定期徵詢顧問們的意見。

建立可信賴的顧問團隊時，切記一定要徵詢回饋意見。詢問他們：你身為管理者的優勢，以及在哪些方面你可以做得更好；詢問你的部屬，他們與你工作時的感受。經常與同事們溝通，聽聽所有部屬們的想法。盡量接受回饋意見，即使你不贊同某些建議，也不要批評他們！

不要只和你熟悉的人相處，例如其他公司中的前同事。相反地，要多接觸那些能夠將你推出舒適圈的人，這有助於你在公司中和特定領域內學習成長。培養你的外部人際關係。建立一個強大的外部人際關係網絡，與其他公司、顧問公司和服務提供商的人建立聯繫。這能夠幫助你及時了解產業的最新動態，建立自己的信譽。

😐 **問題：我是新任管理者，需要為自己的部門做預算。我從來沒有做過類似的工作，不知從何開始著手。我能從去年的預算上都增加一定的百分比嗎？**

答案：即使對經驗豐富的管理者而言，做預算也是十分令人頭疼的工作，所以最好能尋求一些指導。公司可能會使用多種預算方法，這些方法因產業不同而有所差異，因此你應該先諮詢財務部門，然後再做下一步規劃。漸進預算（Incremental budgeting）和零基預算（Zero-based budgeting）是兩種常用的方法。

如果使用漸進預算，在上一年度的預算或部門實際績效的基礎上增加一定比例，就構成了新的預算。一切都是依前一期的基礎來制定，只是按你的建議增加了一定的百分比。但是，這種方法並未考慮當前和未來市場的實際情況，也未考慮該部門的最新需求或目標。任何所需資金都必須是合理的，並且以部門需求和目標為基礎。

這種方法會讓管理者陷入兩難，要麼想方設法把資金花光，要麼資金不足，在這段期間結束前，他們會認為無論是否需要，都得被迫支出所有資金，確保下一期的預算不會減少。

若使用零基預算，則每個預算週期都要重新開始，就好像預算是初次準備一樣。預算重新開始準備，所有目標和操作都要按先後等級排序，然後可用資金也要按優先順序提出，確保每個新時期的所有支出都是合理的。

這種方法的優點是，管理者需要對每個項目進行關鍵和深入的分析。他們必須考慮目標，尋找替代方案，並證明其要求合理。但這種分析非常耗時，是該方法的一個缺點。

儘管你的公司使用了這一方法，然而部門預算中常見的項目包括但不一定限於：

- 勞動力成本，包括薪資和福利。
- 營業成本，如材料及物料、辦公用品、電話、郵資、差旅、培訓、設備租賃和合約服務等的費用。
- 機器設備等基礎設備投資。

如果你的公司使用共享服務模式，還可能從其他部門（例如人力資源或資訊）獲得成本分配。這些分配通常會計入成本，因此無須計算它們。

如果你的公司中有財務部門，他們能為你提供更多具體操作方法，並指導你為下一個會計年度準備預算。你可以要求他們提供書面資料，還應該定期召開會議，讓他們可以與你一起回顧要點並回答你的提問。如果公司內部沒有人可以解答你的疑問，網路上也有很多書籍和課程供你選擇。

☹問題：**我已經制定好下一個會計年度的預算，而且我的部門預算已經獲得批准。關於財務問題我還需要了解什麼嗎？**

答案：一位優秀的管理者應該了解企業的業務——不僅僅是你的部門如何運作，還包括其他部門如何運作。財務在所有公司中都發揮著重要作用，每個管理者都必須具備一定的財務知識。

有三個重要的財務報表你應該了解，這些報表在營利性和非營利性組織中可能有所不同，但概念是相同的。這三個財務報表包括：

- **資產負債表顯示組織擁有的資產及其負債（在特定日期的債務）**。資產可以是實體資產或有形資產（建築物、設備或存貨），也可以是無形資產（商標或專利）。負債可以包括租金、貸款、薪資或稅金。資產和負債之間的差值代表了公司的價值。希望這是一個正數。
- **損益表顯示組織在一段時間內（例如一年）的會計收入和支出費用**。支出費用包括現金支出（如租金或薪資）以及非現金支出（如資產折舊）。折舊是非現金支出，表示資產價值在其假定使用年限內損耗的價值。收入和支出之間的差額就是該期間的淨收益（利潤）或淨損失。
- **現金流量表呈現組織擁有的現金額度**。例如，其反應了公司受經營活動或投資影響的現金變化。它類似於銀行對帳單，顯示了期初可用現金金額、儲存的現金金額、花費的金額以及期末剩餘的金額。

了解這些基本財務報表對管理者來說十分重要。在公司中尋找某個可以為你說明財務狀況的人（例如一位財務人員），請他們為你解釋你不理解的術語。與你的部門成員一起分享你學到的知識，好讓他們了解公司的財務狀況。可以用一則財務快訊作為員工會議的開場，在會議中審查業務和財務結果。分享這些訊息有助於部屬了解自己的工作對整個公司產生的影響。

😐 **問題：**

我的公司制定了一個策略計畫，所有部門都必須遵守，但我不確定我的職責。你能給我一些意見嗎？

答案：策略計畫可以幫助公司決定在特定時期想要達到的目標。策略計畫是在規劃過程中產生的書面文件，確保公司能做出跨職能決策以保持競爭力，從而得以成功和發展。策略計畫有助於管理者和員工保持專注。它促使公司分配資源（例如財務、創意和人力資本），識別機遇和挑戰（例如新產品、技術或競爭對手），並積極主動應對機遇和挑戰，綜合考慮各方情況從而解決問題。制定這些計畫需要時間，因此所有部門都必須協調一致。

許多公司都希望每個部門能制定自己的策略計畫。這種情況下，部門計畫必須與公司計畫保持一致。在開始之前，你需要思考以下問題：

- 如果公司有發展計畫，具體內容是什麼？
- 你的部門工作如何配合這些計畫？
- 你的產業、競爭對手或技術方面是否發生了重大變化？
- 這些變化如何影響你的部門？
- 你的部門過去的預算和推測有多準確？可以做些什麼來提高準確性？

作為管理者，你必須盡可能地了解你的公司及其業務和策略計畫。以下是一些實用技巧和策略：

- 知道你的部門擅長的領域。如果你在支援部門或人事部門工作，可能是會計、人力資源管理師或資訊工程師，那就代表你的團隊為整個公司服務。如果你的部門專門提供核心產品或服務，那麼就需要了解是否會有一些新產品出現，或產品出現合併的情況，抑或開發出影響團隊工作的新技術。
- 盡可能地了解你所在的產業。建立產業內和產業外的關係網絡。在一般職責之外多做一些工作。不要忘記鼓勵你的團隊也這樣做。

- 如果你在客服部門，請根據你的專業知識將自己定位為內部顧問。如果你的部門是提供核心服務的，就要明確決策立場，並時刻準備為高階管理層提供解決方案。
- 用事實和客觀資料來說明你的建議和選擇的合理性。這些訊息很有價值，可以讓你充分運用自己的知識，讓你的建議更具權威性。
- 在公司內建立夥伴關係。這樣可以拓展你的視野，讓你能夠更準確地表達整個公司的需求，並提出適當且具有策略性的建議。

請記住，策略計畫不是一成不變的。公司中的管理者要根據外部環境的改變隨時調整計畫。及時意識到你職責範圍內的變化十分重要，這樣你和團隊才能根據實際情況調整計畫。

☹問題：

我知道在現今的商業中很看重指標，我也非常注意資料分析，因此我需要了解相關的基礎知識和技術。你能幫我嗎？

答案：這種想法完全正確。了解數據資料，知道如何分析資料以及如何運用分析來衡量公司的有效性和效率，這點非常重要。在研究測量指標技術時，公司通常會考量財務和績效指標。

以下是你需要了解的一些基本財務指標：

- **投資報酬率**（ROI），把投資收益或損失的金額與投資金額進行比較。投資報酬率是所得收益除以營運所花費的投資總額。
- **成本效益分析**是收益與全部成本之比。它能幫助管理層確認特定活動或計畫對公司獲利能力的影響。成本效益越高，該活動或計畫的價值就越高。這一分析通常用於決定是否要繼續使用某種新產品或執行某項新計畫。
- **損益平衡分析**是一種簡單的成本效益分析形式，讓管理者能確定專案總收益與總成本的平衡值。損益平衡分析即確定產品或方案必須超過最低成本值才能獲利。

運用這些財務指標、檢驗公司的損益表和資產負債表（本章前面問題中討論過），以確定公司的整體財務狀況。除財務指標外，公司還需要衡量在關鍵目標或業務流程（例如銷售、行銷、人力資源、顧客關係或生產）方面的績效。績效是根據已設定的目標（公司目標或部門目標）來衡量。

實際上，能夠幫助公司衡量績效的工具和方法有很多。

- **計分卡或平衡計分卡可以衡量並比較績效與目標。**他們根據關鍵績效指標（KPI）評估行動的成敗，這些指標可以衡量目標是否達成。公司可以使用計分卡來判斷他們是否在為達成目標而努力，評估發展趨勢和模式，並更加聰明地利用各方資源。
- **工作儀表板是資訊管理工具，用於追蹤整個組織、特定部門或流程相關的關鍵績效指標等資料。**它們以簡單的方式直接呈現複雜資料，提供一目瞭然的視圖。工作儀表板是根據汽車儀表板的概念設計的，汽車儀表板包括儀表和指示器，可以告訴你車輛的性能。儀表板能產生多種不同的報告，包括可以輕鬆查看和閱讀的計分卡。報告通常都是單頁呈現。

關鍵績效指標因組織和產業的不同而有所差異，但通常包括客戶指標（如顧客維繫和滿意度）、流程指標（如顧客問題追蹤或不良品百分比）、人員指標（如員工流動率或員工滿意度），以及財務指標。

你應當熟悉當前公司所使用的工具和性能指標，並能夠在你的部門中熟練運用它們。與你的管理者討論對他們來說重要的事情，並將這些與你的部屬分享。讓他們了解你和部門的衡量標準，以便與他們共享成果！

☹問題：

我知道我的其中一項職責是管理公司的資源，但我不確定自己是否能夠完全理解它們。對此你有什麼建議嗎？

答案：透過有效管理資源以優化績效，這對任何公司的成功來說都十分重要，這一點你理解得完全正確。讓我們來看一下內容：

- **人力資源：**一個組織中若沒有具備合適技能的合適人才，是不會成功的。就這麼簡單！吸引、僱用、挽留最優秀的人才對你的成功來說很重要。這需要精心設計的人力規劃，以確保你能僱用當前所需要以及未來會需要的人員。一旦你僱用他們，就要讓他們融入你的公司文化，並儘快提高生產力。其次，提高他們的技能和能力也極為重要，而且要經常對他們的表現給予回饋，以便讓他們知道自己哪裡做得好，哪裡需要改進。

- **時間資源：**時間是無限資源，如果管理不當，它會對公司和員工的生產力產生負面影響。作為管理者，你需要幫助部屬有效管理時間。可以透過提供有效的時間管理工具來為他們提供幫助，例如設置執行任務的時間節點、提供專案管理軟體或有效時間管理技能培訓等。
- **財務資源：**如果不能有效管理財務資源，任何公司都無法成功，而達成這一目標最有效的方法就是精心設計預算流程，你和其他管理者可以透過預測需要哪些財務資源來達成公司的策略目標。但是，僅有預算是不夠的，你還必須要考慮每個部門或幕僚部門預算的運作方式。如果兩者之間存在差異，就必須考慮如何解決預算與實際成本之間的差異。你應該隨時管控你的部門如何使用財務資源，這點非常重要。
- **智慧財產權資源：**最有可能的情況是你的公司擁有專利資產，包括必須受到保護的資訊或產品。你和部屬必須嚴格遵守程序，以確保智慧財產權不受侵犯。

- **外部資源**：你也有可能需要管理外部資源。例如，如果你的公司僱用第三方機構來尋找潛在的新員工，你可能需要與他們進行溝通以提供訊息，追蹤他們的工作狀態，並評估他們的表現。管理外部供應商的關鍵是設立明確的期望，你希望他們做什麼、什麼時候做，並讓他們負起責任——就像對待內部合作夥伴和員工一樣。尋找外部資源的一個好方法就是向你的專業團隊徵詢建議，和有合作意向的公司面對面溝通，並在簽訂合約前檢查他們的背景。確保遵循你公司中的每一個採購規範。

切記：公司的資源也是你自己的資源。無論是內部的還是外部的資源，你都要進行有效管理，對任何一個成功的管理者來說，這都是一項重大責任。

☹問題：

我應該如何規劃部屬下年度甚至以後的需求？我聽說過「勞動力計畫」，但是我不知道該如何使用。

答案：勞動力計畫就是公司分析當前勞動力及其對新技能的潛在需求，它通常根據公司的策略計畫。在勞動力計畫中考慮的一些問題包括：

- 公司是否會繼續成長，如果會，需要什麼技能的人才？他們應該在哪個職位上工作？
- 公司需要裁員還是外包？在這兩種情況下，受影響的員工能否接受培訓、承擔新的責任？

勞動力計畫的重點是：開發能幫助你在短期和長期內作出正確決策的訊息，並完成計畫。無論你考慮得多麼周到，都可能需要對規劃進行修改以適應不斷變化的商業環境。因此，你需要不斷評估計畫，並根據需要加以修訂。

以下是制定員工勞動力計畫的方法。

1. **對現有的勞動力進行分析：**

- 列出目前員工名單及其技能／能力／優點。

- 看看哪些人可能會退休或離職，會帶來哪些問題。
- 查看歷史營業額（損耗）資料。
- 是否有表現不佳的員工，如果有，要對他們重新培訓還是解僱？
- 目前的員工會如何影響（積極或消極）策略計畫中既定目標的達成？

2. 確定需要哪些知識或技能來完成下年度的業務目標，可以根據以下幾點：

- 任務和願景。
- 預算和經濟預測。
- 你所在產業的競爭因素。
- 勞動力趨勢。
- 待執行或現有的法規。
- 科技創新。
- 外包選項。
- 策略合作夥伴的選擇。
- 潛在的合併或收購。
- 新產品。

- 新領域。

3. **做間距分析**（Gap Analysis）來確認你所擁有的資源和所需要的資源之間的差距。回答以下問題：
   - 現在的員工能否接受培訓以承擔新的責任？如果不能，你要如何處理他們（轉到其他部門還是降級或解僱）？
   - 你需要從外部進行招募嗎？
   - 如果需要招募，新員工什麼時候需要報到培訓？
   - 你的公司是否在努力留住主要員工？
   - 公司結構是否合理，能否達成各項目標？

   你現在有一個計畫，此計畫應該明確指出：為了實現公司的策略目標，你要在何時招募人員，或如何增加員工技能。

4. **實現勞動力計畫**。一個計畫必須分階段實施，將行動轉化為一個可行的計畫表，其中必須包含明確的目標、具體且可衡量的工作目標、時間表和重要事件。勞動力計畫不是一個簡單的過程，但它的結果非常重要，只要你提前計畫，這麼做是值得的！

😐問題：

我想把最優秀的人才引進我的部門，但是不久前，他拒絕了我的職位邀請。我現在面臨兩種選擇：一是開始招募，二是把工作交給一個不太稱職的「候選人」。**我該怎樣做才能讓應徵者接受工作邀請呢？**

答案：仔細查看你的招募流程，然後回答以下問題：

- **你們提供的薪資和福利有競爭力嗎？**在你的產業市場進行薪資調查。查看網路上的薪資和福利資訊，必要的話調整你提供的薪資和福利——至少要讓它有競爭力，並盡可能比你的競爭對手更好。
- **你的招募流程是否容易操作？**你提出的職務申請和面試過程必須盡可能便捷，不要讓求職者來回面試。安排一天用來面試，並確保每位面試官或協助人員都接受過招募的相關訓練。
- **你是否仔細傾聽了求職者的需求？**在面試過程中，求職者通常會分享對他們來說很重要的東西。如果他十分在意職涯發展，那麼當你表露真心時，就要強調你對他職涯發展的承諾（情況必須屬實）。若求職者說，他很需要一個職涯導師，當你發出職位錄取通知給他時，一定要告訴他職涯導師是誰。

- **你知道自己公司的聲譽嗎？**如果有對公司的負面報導，就要儘快處理，並真誠對待求職者。你可以讓求職者知道公司裡存在一些問題，但更重要的是要讓他們知道，你們正在採取具體措施來改善企業文化或解決這些問題。誠實和高透明度會讓求職者印象深刻，這可能會成為他們是否願意加入你公司的決定因素。
- **你如何進行招募？**請招募主管打電話給求職者，並做出口頭邀請。這能傳達出公司對他們的重視，以及迫不及待想要跟他們合作的意願。接下來人資部門應該寄封書面通知，包含口頭邀請入職的內容，還有一些其他細節，來幫助面試者做出明智的決定（福利細節、報到日期和時間以及相關要求等等）。
- **你是否鼓勵求職者提問和協商？**作好準備，清楚了解自己可以在哪些方面進行彈性調整，這可能是獲得一個未來之星的關鍵，所以要盡可能彈性調整。

你需要不斷評估招募流程，這能讓你學到一些改善招募流程的方法。你也可能想和那些拒絕你的優秀求職者保持聯絡，因為你永遠不知道他們在拒絕你的邀約後會發生什麼，也許他們會重新考慮你的邀請。

😐問題：

在我的公司中，主管們很想得到當地甚至全國「最佳工作單位」的口碑。我們的主要競爭對手最近得到了這個殊榮，所以我們需要跟上！我知道這類評選十分重要，但我不知道該怎麼做。你有什麼好主意嗎？（編注：此處指美國針對就業環境的評選）

答案：在你行動之前，考慮一下你的公司是否真的是一個適合工作的好地方，如果你還沒有準備好，那麼去申請爭取這種評選是沒有意義的。對任何公司來說，被評為「最佳工作單位」是一個崇高的目標，但要做好準備，因為這不是一個簡單或速成的過程。

首先，我要向大家說明「最佳工作單位」對自己員工的回報有多少。這些獲獎的組織通常在以下方面表現十分突出：

- 不斷強化員工的使命感，讓他們知道工作不僅僅是為了薪資。
- 支付公平且有競爭力的薪資，並提供公司能夠負擔得起的最佳福利。
- 使工作環境盡可能舒適、安全、有吸引力。無論辦公室的配置如何，都應該有足夠空間能進行私人談話，以及在工作中減壓的地方。有些公司的休息室中放有遊戲桌，有些甚至有安靜的午睡室。地方雖小，但這些「擁擠」的空間（員工們可以聚集在豐富多彩的環境中來激發創造力）是非常受歡迎的。
- 清楚列出對每個員工的期望，並根據這些期望衡量他們的績效。
- 經常給予建設性和積極的回饋，不要總是等到年度審查才進行回饋。許多公司現在都傾向在專案結束後頻繁進行績效考核，或者至少每一季進行一次，而不是每年進行一次考核。
- 肯定優秀員工的想法和貢獻，並對其進行獎勵，但要以尊重員工的方式去做。請牢記：有些人不希望在公共場合被表揚。
- 讓每個員工都學會尊重別人。
- 為員工提供機會，透過指導、網路研討會、Podcast、研習會、書籍等各種方式開發他們的技能。

● 與員工保持良好關係，讓員工們能感到自豪。

我們的總體目標是建立一個專注於自己工作的團隊。要做到這一點，你需要讓公司中的每個人都朝著同一個方向努力，只有到這種時候，你才可以去申請爭取「最佳工作單位」的稱號。

當你準備提出申請時，請考慮從當地的評選開始。例如，你所在的城市是否每年都會列出所在地區的最佳雇主？從本地開始，當你對需要思考的內容有些許了解後，就可以晉級去爭取全國性或國際性的評選了。

☹問題：

我知道公司內有一個員工協助方案（Employee Assistance Program，EAP），但我不太了解它。除了幫助解決個人問題，它還有別的用處嗎？

答案：隨著工作場所和社會問題變得越來越複雜，管理者必須應對更大的挑戰，因此員工協助方案（EAP）越加重要。優秀的EAP提供者，是與管理和組織有相關連結的，能為他們的客戶提供很多幫助，並且對每位決策者、管理者和員工來說都是極大的資源。

ＥＡＰ最為人熟知的作用是幫助陷入困境的員工，這些問題影響著他們的生活，甚至已經影響到他們的工作。ＥＡＰ還涵蓋健康福利，為那些因家庭醫療、工作賠償、以及短期或長期殘疾而休假的員工提供資源。許多ＥＡＰ專案都能幫助各層級員工擴大發展的機會。

對於公司來說，ＥＡＰ是一種可以解決系統問題的資源。ＥＡＰ的顧問經常接受培訓，才能執行變革管理和有系統地解決公司問題。他們對職場中的行為和心理健康也十分專業。因此，他們可以辨識出衝突、工作方法以及不良監管的相關潛在行為風險。ＥＡＰ支援公司的另一種方式是：提供心理諮詢和對關鍵事件的回應。例如，如果員工死亡，不管死亡的原因如何，ＥＡＰ顧問可以為部門團隊的成員提供心理諮詢。如果在工作場所或社區發生不幸事件時，他們也可以提供援助。

你作為管理者，ＥＡＰ能為你做些什麼？它可以幫助你辨識和介入工作場所的表現和行為問題（例如，幫助你發現可能會導致職場暴力的行為跡象和症狀）。主動參與可以儘早發現員工的行為健康問題，從而降低這些問題對公司的傷害。ＥＡＰ還能減輕管理者的壓力，因為管理者沒有專業人士所具備的知識或訓練。

作為管理者，以下是EAP能夠提供給你的價值和幫助：

- 提供諮詢，幫助你制定計畫來處理員工工作表現的問題。
- 指導你如何與表現不佳的員工進行深入溝通。
- 為所有管理者提供EAP管理技能的訓練。
- 為管理者提供訓練，認識辨別有關藥物濫用或潛在職場暴力的跡象和症狀。
- 提供危機管理和諮詢服務。
- 協助避免辦公室暴力。
- 識別衝突和工作方法的相關潛在行為風險。

EAP是一個企業風險管理工具，可以在各種組織中加以運用。EAP的力量能幫助你將系統、個人以及自身能力成為策略的一部分，以發揮最大的性能和潛力。

你應該檢查你的內部資源，好了解更多關於公司中EAP提供者的訊息。

😐問題：公司找了一些外部供應商來為我們提供服務和支援，我的新職責之一是監督這些供應商。在審核和評估他們時，我應該注意哪些問題？

答案：這將是一項艱鉅的任務，尤其是你沒有參與選擇這些供應商。你最好先研究一下公司與他們簽訂的合約。任何合約或服務協議都會詳細說明已經商定的具體服務。合約中可能會包含其他有用的項目：供應商需要向你提供的管理報告——詳細說明在特定期間（每月、每季或每年）提供的服務。這當中通常會顯示出一些重要訊息。

合約還可能包含供應商的品質保證條款：如果發生錯誤或遺漏，他們會採取的行動。當中還可能包含供應商的內部追蹤、分析和報告系統的訊息，同時合約還應該指定帳戶的管理和相關人員的經驗程度。你還應該了解一些衡量的方法，以評估供應商的服務品質和有效性。法律或採購支援可以幫助你解決這些問題。

你會想要查看所有收到的報告——尤其是過去一年的，以了解他們的績效情況。此外，與你的員工談談並得到他們的回饋。

最後，你會想要與供應商的客戶經理會談，與他建立良好互動關係。從他們的角度來看待事情的進展。

當你對第三方供應商進行監督時，你總會想到一個問題：什麼時候換一個新的供應商。監督供應商是你的責任，但是不要想當然耳地認為：這是一個變更供應商或引進你曾經合作過的供應商的機會。如果這個供應商一切都有按照協議的條款執行，那麼變更供應商可能是很不明智的。還有一些其他的合約問題也需要考慮。

關於變更供應商需要考慮的一些事：

- 當前的供應商業務模式是否發生了變化，他們的業務重心是否在偏離他們提供的服務？
- 市場上是否有大量的新供應商提供更優質的解決方案？
- 你現在的供應商沒有按照合約執行嗎？如果是的話，對於拒絕執行的行為，合約條款的規範是什麼呢？你是否已經履行了所有條款，例如通知客戶經理並提供解決問題的機會？確保你理解自己在公司中的職責。如果你因為這個原因需要終止合約，請務必與你的法律團隊保持合作。

● 目前的合約即將到期了嗎？大多數合約都有固定期限，不過可能會有附加年限或附加服務的條款，或者更新條款。

檢查採購以及法規。即使你現在的供應商提供了良好的服務，不過合約到期是讓你查看市場的最佳時機。

☺問題：

我想成為一個更有策略頭腦的人，但不知道該如何做。你能給我一些建議嗎？

答案：恭喜你願意用策略思考來提升自我。隨著你在事業上的進步，策略思考的能力會越來越受到重視，所以你應該儘早開始練習。

許多人把策略思考和策略規劃混為一談。策略思考是一個過程，在這個過程中，人們思考、評估、觀察，為自己和他人創造未來。策略思考可以用在商業和個人決定，所以無論是對管理者還是個人，這都是一項寶貴的技能。策略規劃是一種商業活動，用於設定優先順序，集中公司的精力和資源來加強經營管理，並妥善分配人力，確保公司朝著一致的目標前進。策略思考在進行策略規劃時無疑是一項關鍵技能，但這是兩個截然不同的過程。

策略思想家們想像著可能發生的事情，他們不僅看到了組織中已經存在的問題，還預知到未發生的情況。他們運用新方法來開發潛在的新產品、新服務和新市場。策略思考是一個前瞻性的過程，是組織成功的重要推動力。

如果你想成為一名策略思想家，就需要打開你的思維，想像各種可能性。這對許多管理者來說是困難的，因為他們接受的訓練都是去處理真實的（而不是想像的）情況。你要學習打開自己的思維，去尋找解決常見問題的新方法。

培養策略思考的好方法就是常問一些以下的問題：

- 什麼是有效的？什麼是無效的？
- 我們最佳的工作是如何完成的？
- 我能夠確定客戶、顧客或員工對工作的真實想法嗎？
- 作為一個團隊或組織，我們呈現出什麼樣的價值觀？
- 有多少員工知道組織的使命、願景和價值觀？

• 有多少員工知道他們的工作在哪些方面與公司的任務契合？

如果你一直很忙，那你幾乎不可能進行策略思考，所以你應該留出時間去研究和想像。你應該允許員工做同樣的事情，如果他們透過策略思考產生一些想法，你應該獎勵他們。當你發現特別擅長策略思考的員工時，可以考慮讓他指導別人。

許多公司和管理者在做事時都會遇到困境。策略思考的死亡標誌就是當某人建議改變一個流程時，有人會說：「我們在二〇〇五年嘗試過，但當時沒有成功，所以它應該是無效的。」嗯，這有很多原因，雖然它當時沒有產生作用，但現在說不定會有用，所以試一試吧！不要總是做一個唱反調的人。

在任何組織中，策略思考能力都是一項十分有用的技能，它可以讓你脫穎而出，所以，從現在就開始培養你的策略思考能力吧！

☹ 問題：

我被指派領導一個由公司內部各個代表組成的特別小組。我想以專案經理的身分來領導這個小組。準備專案管理時要注意的關鍵點有哪些呢？

答案：你正步入職涯的康莊大道。一個專案包括一連串的任務和活動，這正是你的工作小組要做的。儘管專案和一般工作的規模及範圍各不相同，但也有一些共同的特點。

- **明確的目標：**確認你要做的事情或是公司的需求，以及你將如何達成目標。
- **時間表：**完成專案所需的時間表。
- **資源：**為這個專案準備的人員、設備、時間和資金。

一旦所有這些都就位，下一步就是為專案配置人員，首先是專案經理。因為你將擔任這一職務，會全面掌控專案項目，負責規劃小組成員的工作，並負起全部責任。

你將成為：

- 工作小組與公司其他部門間的橋梁。
- 發言人。負責收集和發布訊息。
- 決策者。分配資源，追蹤進度和協調分歧。

作為專案經理，你可能會負責挑選團隊或工作中的其他成員。在進行挑選時，你要確保自己理解團隊所需要的特定知識、技能和專業。

一旦團隊成員就緒，將邁入專案的下一階段：

- **規劃、調度、監督和控制**：此時，一個專案的大部分工作就完成了，你將負責監督工作的品質、進度和資源的使用分配。顯然，你的目標就是按時、按預算完成專案。你還必須能夠預見任何可能阻撓專案完成的障礙，並立即採取行動排除它們。

  在實施專案規劃時有一些輔助工具。第一個是甘特圖或水平條形圖，利用圖形並按照先後順序來呈現專案的各個項目，並根據時間來繪製。另一個工具是PERT（Program Evaluation and Review Technique，計畫評核術），它詳細描述專案完成度和任務的完成順序。

- **評估**：根據專案的規模和範圍，評估在不同的階段或預定的時間（例如每個月）進行。無論是以哪種方式，一旦專案結束都要進行最終評估。

- **完工**：專案順利交付完成，每個人都可以鬆一口氣，享受成果。報告中應註明完工，並詳細說明專案的成果、不足、經驗教訓以及相關的項目，必要的話，還需要進一步採取行動。

確保你在整個專案過程中與團隊保持溝通。事實上，你應該將更新交流列入專案計畫中，及時更新專案進度情況，確保專案按時且順利完成。隨時讓領導者、外部和內部的利益相關者、以及團隊成員了解專案進度，這將能提高專案的成功率。

結語

在提升管理技能時，你會遇到很多問題。你應該讓自己身邊有值得信賴的顧問和指導者，並抓住每個機會學習新技能。你可以運用網路或公司提供的所有可用資源來鞏固技能基礎。下一章內容會幫助你有效快速地提升這些技能。

Chapter 02 成為稱職的主管：管理技能養成

要成為最好的管理者，你的工作中總會有一些新的東西可以學習。無論是新晉升的還是經驗豐富的管理者，都需要不斷地建立和精進自己的技能。本章提供了一些建議和最佳實踐方法，告訴我們需要不斷學習新技能並將它們付諸實踐！

😐 **問題：**

我認為公司在會議上浪費了大量時間，我希望會議更加有效率，該怎麼做呢？

答案：無論你詢問哪個管理者或員工，他們是否認為公司會議過多，他們的答案都是肯定的！因此，你應該想辦法盡力優化會議時間。你要學習如何管理會議，讓會議不會浪費團隊的時間和精力。以下介紹能使會議更加高效的方法：

- 制定基本規則，例如「我們準時開始和結束會議」、「每個人在會議上都有平等的發言權」、「每個人單獨發言」。在每個會議室張貼基本規則，直到它們成為公司文化的一部分。在每次會議開始前都要回顧這些基本規則。
- 在你安排會議之前，考慮一下是否可以透過電子郵件或電話來分享這些訊息。
- 邀請合適的人參加會議。如果一個同事沒有直接參與決策，或者沒有獨家訊息，那麼他就不用參加會議，但要讓他知道原因，因為他很有可能為自己能騰出時間去做別的工作而暗自竊喜。

- 會議必須有一個議程，並為每個主題分配時間。提前把議程發給與會人員，讓他們可以有備而來。安排一個人來計時，幫助主持人掌控進度。議程應該從最重要的話題開始，這樣能幫助大家按時完成會議。
- 如果還有上次會議留下的行動方案，請確保它們已經安排在議事日程上，負責人應隨時準備更新這些方案的進度。
- 作為會議主持人，如果你想要積極參與其中，就要考慮是否讓別人帶領會議，因為你很難在參與的同時還要主持。
- 指派一位人員在預定時間內撰寫和分享會議記錄。
- 會議主持者應鼓勵所有人參與討論。如果你提前分享會議議程，那麼每個人都應該作好參與的準備。切記，內向的人通常不會主動發言（除非他們被點名詢問，或者已經準備好分享的內容），但是絕對不要忽視他們——因為他們的見解可能會幫你找到一直在苦苦尋覓的解決方案。
- 嘗試新的會議形式。短期會議往往是高效且快速。短期會議在制定一個決策時十分高效，但是如果你有很多議題要討論，這種形式就無法發揮作用。你也可以考慮舉行一個「步行會議」。提前通知大家將舉行步行會議，地點在辦公大樓附近或周圍社區，並提醒他們穿著適合當天天氣的衣服。人們行走時比坐著更有創造力。理想的與會人數是二到四人，這樣更方便傾聽彼此的想法。

總之，做一些這樣的改變，可以讓會議時間達到最佳化，勇敢嘗試一下吧！

😐 問題：

由於經濟壓力，我們正在經歷一些重大變革。我們應該做什麼來維護員工知的權利？

答案：關於改變的有趣之處在於，我們各自選擇了如何去應對它。

- **創新者和變革者將改變視為機遇。**他們尋找著問題的答案，尋找方法推進變革，並很容易適應新的環境。
- **實用主義者採取觀望的態度。**他們盡一切可能避免被他人關注和受傷害，保持沉默，靜待結果。因此，實用主義者不會太早表達贊同也不會太早就投入精力。

- **懷疑主義者和保守主義者主動或被動地抵制變革**。他們極大地影響了公司向前發展的能力，並可能對士氣產生負面影響。

幫助員工理解他們對變化的反應有助於塑造他們的行為。儘管變化常常令人感到不舒服，但也能為公司注入新能量。一旦每個人都參與了改變，就會推動團隊和部門向前進。管理者的挑戰在於「如何平穩度過變革和隨之而來的衝突」。

當人們對變革持開放態度時，他們會主動承擔一些責任，促使改變發生。然而，如果人們不確定未來會發生什麼，同時也不覺得應該對結果負責，他們就會主動或被動地抵制變革。每個人都需要了解變革將如何影響自己，他們需要知道自己的定位：

- 工作上的驅動力是什麼？
- 工作期望是什麼？他們改變了嗎？
- 如何改變角色和責任？

領導者和管理者可以透過以下方式協助處在變革期的員工：

- 對他們提供真實的回饋。
- 幫助他們找到問題的答案。
- 清楚地傳達你的期望。
- 鼓勵他們與你保持互動、積極詢問以及履行職責，也就是讓他們採取積極的行動。
- 積極傾聽他人想法。
- 了解阻力的根源。

在改變時的調整期間，管理者必須注意衝突，以確保變革能積極驅動公司達到實現理想中的目標。為了減輕變革帶來的影響，你改採的行動步驟將決定衝突類型，以及衝突和變革對公司帶來的是建設性還是破壞性結果。

☺問題：我需要向主管做一個正式的報告。這對我來說是個很好的機會，可以在公司中獲得知名度，也許還能因此晉升。要怎樣做才能讓人印象深刻？

答案：一開始，大多數人都是把投影片放在一起，然後才花時間去思考自己的目標。你的報告是要揭示訊息還是號召行動？當你明確目標之後，列出三到四個關鍵點。報告要盡量簡單一些，這樣聽眾就能很容易理解你傳達的訊息內容。

有句話說得好：「告訴他們你即將告訴他們的事情。」面對聽眾時不要以玩笑開場，而是直指主題。在開始的時候陳述清楚，並在演講中場和結尾時分別再次凸顯主題。一個強有力的開場白會讓觀眾留下深刻印象。

要在整個報告過程中表現出冷靜和掌控力，這是最難的部分。因此，你需要很了解手邊的資料，事先排練幾次，這樣就可以輕鬆地完成。雖然你知道自己需要多少時間練習，但是在練習時要確保狀態和正式報告時一樣！

在報告之前可以參觀一下會議室，了解聽眾的位置，以及你的最佳站位。練習你要使用的技巧，這樣當你站起來發言時，就可以直接進入主題。

如果可能的話，在演講前一天嘗試進行排練，確保在房間的每一個角落都能看到投影片。如果你使用的是紙本資料，記得編好頁碼，這樣當你站起來發言時，即使它們掉落，你都可以迅速地把資料排列整齊。

你不能排練太多。你要對你的內容有信心，這樣聽眾才會對你有信心。考慮讓一個值得信任的同事參與排練並提出回饋，讓他指出你在哪方面需要更多的資料或更好的解釋，如此可以預測在報告結束時別人可能提出的問題。如果你從一開始就有清楚的目標，並仔細準備資料，認真排練，報告時你就能很輕鬆且做得很好。相信我，每次報告的經驗都會讓你之後的報告更加輕鬆。

☺問題：

我認為講故事是分享訊息的好方法。這是真的嗎？如果是的話，我想成為一個優秀的故事敘述者，你能給我一些建議嗎？

答案：你的直覺是對的。敘述有助於管理，講故事是一個很好的工具，因為人們更容易回憶起在故事中聽到的事情。故事能吸引人們的注意力和想像力，它們是傳達訊息、分享經驗和激勵團隊的好方法。故事使人們更加團結，使他們在分享訊息時更有成效。

當你準備故事時，記住故事的屬性：

- 耐久性。觀眾是否記得故事中的啟示？
- 顯著性。這個故事是否有趣，是否感人？
- 理智性。它能解釋一些事情嗎？
- 相關性。它的內容清楚獨特嗎？主題一致、集中嗎？

如何創作一個好故事呢？一定要確保故事有開頭、情節發展和結局三部分：

- 故事從何講起？你可以使用以下詞彙和語句：「從前」或「很久很久以前」。
- 你現在在哪裡？你想克服什麼障礙？這是故事的高潮部分，也是人們最為關注的地方。
- 你要去哪裡（你的結局）？在創造故事時，你應該先弄清楚自己的目的。

如果你想做到以下幾點，在故事構思的過程中，就要考慮到自己要達到的目標。

- 鼓勵行動。那麼你需要一個「說明過去類似事件」的故事，例如，類似的變革曾經成功的例子。

- 自我介紹。此時你的故事應該透露一些自己過去光榮和失敗的事情。
- 促進合作。你的故事必須敘述聽眾們一起經歷過的事情，以此促使他們分享各自的經驗。
- 分享知識。那麼你可能希望故事集中在過去的錯誤，以及改正這些錯誤的過程。

當你構思故事時，注意以下幾點：

- 了解你的聽眾。
- 確保聽眾想聽你的故事。把你的故事和想要傳達的關鍵訊息連結起來。
- 借助情境。情節、背景、聲音，它們能幫助你說明你是如何走到現在。
- 故事的主題應該是積極的。你可能正在分享過去一個糟糕的情況，但是你得到的教訓、吸取的經驗，會成為你成長的墊腳石。
- 幽默會讓故事更精采，情感會增添一些趣味，但不要過火。
- 讓聽眾理解故事的本質，這是最有效的講述方式。要像預告片一樣簡明扼要，要充滿喜悅地講述你的故事。

- 根據情境適當增減故事內容。

在講故事時，一開始要引起人們的注意，然後再述說一些事實。提出你的觀點，然後繼續推進。切記不要歪曲事實或胡扯。在保持故事簡明扼要的同時，充滿熱情地演說。當你成為成功的故事敘述者時，人們會迫不及待地想要參加你的會議和演講。他們甚至會推崇你為領導者！

☹問題：

我真的不想放棄最喜歡的工作項目和專案，但是我需要委派下屬來完成一些任務，以此幫助他們學習和成長，這樣我就有更多時間來完成自己的管理職責。但我不想讓別人認為我這樣做是把自己的工作推給別人，對此有什麼好建議嗎？

答案：很多人認為委派是首要的管理技能，所以不做好委派會讓管理偏離正軌，你當然不希望這種情況發生！

既然你對別人的工作負責，你就不得不委派——這不僅是員工的職責所在，同時也因為時間有限。你不可能在晉升後就管理並完成所有的工作。

令人驚訝的是，很多管理者不委派工作，因為他們認為自己來完成會更快。一開始可能確實如此，但如果你花時間教授下屬——可能只需要教一次，你的下屬甚至可能做得比你更好。他們可能會更快完成工作，並做到一些你從未想過的事情，從而提高工作的完成品質。如此一來，你就有更多時間去做別的事情了！

在你委派任務之前，仔細考慮一下哪些人適合這份工作？誰擁有所需的技能？要做到這些必須先了解所有下屬的優缺點。當你有合適的人選時，以下的重要步驟能確保任務順利完成：

- 向員工描述任務，讓他們知道你什麼時候需要完成工作，以及你希望他們完成的結果。回答他們所有的問題，使雙方對任務都有明確認知。對你而言，設定時間表來檢查他們的工作是個好主意，但你要明白：他們在工作的時候可能會隨時向你提出問題。
- 確切知道衡量成功的標準，並確保你所認同的成功是實際、可達成的。對員工來說，沒有什麼比「被要求完成不可能的任務」更令人沮喪了！

- 在描述任務和期望結果時，不要忘記「背景」。當員工清楚知道完成這項工作的原因時，他們會做得更好，所以不要只告訴他們「怎麼做」，也要告訴他們「為什麼要做」。讓他們知道你全力支持他們，你是他們堅強的後盾！

當你委派任務後，你不僅可以騰出時間做更有策略意義的管理工作，還可以培養下屬的技能，讓他們在公司中更加突出。這就是優秀的管理者該做的事情！

☹問題：

我現在是管理者了，我的生活也因此產生巨大變化。但我似乎沒有足夠的時間完成所有事情。我應該怎樣做才能把時間運用得更好？

答案：不僅僅是管理者，時間管理對每個人來說都是一個挑戰，然而管理者面臨著更高更多的要求。管理者的挑戰在於應對和滿足這些需求。

首先，記錄某幾天的時間是如何度過的。這會帶給你一些啟發：你在什麼情況下效率最高，什麼情況下效率最低。你知道自己需要委派下屬工作，在上面的問題中有些很好的技巧可以幫助你完成這項任務。除了委派之外，還要思考下列事項：

- 使用待辦事項清單。列出所有需要完成的任務，這是一種很好的方式，可以讓你在完成一項任務後繼續前行，並體驗成就感。當你安排任務時，要具體且詳細。如果你有重大的專案或工作，把它們切分成小任務。最後，將清單放在顯眼的位置，不要讓它和書桌上的文件混雜在一起。
- 考慮優先任務，這樣你就不會花太多時間在那些看起來很緊急的事情上（例如接電話），而沒有足夠時間在真正重要的事情上（例如關心顧客需求）。
- 保持工作空間整潔有序。不要讓待辦清單這類東西雜亂地堆放在桌子上，這樣你就能很快找到重要文件。
- 制定一個時間表，並盡可能堅持執行。例如，在一天的開始或結束時回覆電子郵件、撥打電話。每天結束時花點時間整理工作空間，這樣就能為第二天作好準備。
- 管理干擾的事物。不要覺得一收到電子郵件或訊息就必須馬上回覆，不是每個人都需要立即關注。當有人在沒預約的情況下前來拜訪時，你可以說自己正在處理重要的事情，詢問他們可否在你完成工作後再和他們會談。

- 不要拖延。有時候大型專案會讓人望而生畏，所以你很容易把它們推到一邊，直到你有一整天的時間來處理它們。問題是，這天似乎永遠不會到來。如果你每天花少量的時間在大型專案上，並完成與之相關的任務，你就不會感到不知所措。
- 避免承擔太多。學會說「不」，這可能是最大的挑戰，尤其是老闆的要求。你可以向對方提供備選方案，例如一頁的總結或多頁的報告。解釋為什麼你不能參加那個會議，如果部門需要有代表人出席，你可以派人替代你。

作為管理者和領導人，你能做的最重要的事情之一就是：管理你的時間並充分利用它。你會獲得更多成就，人們終將會注意到你。

☹問題：

我現在是一個主管，我的待辦事項越來越多，有太多的新任務要完成。我該如

何區分這些任務的優先順序？

答案：你不是一個人。即使是經驗豐富的管理者，也常常會因為過多的任務而疲於安排處理工作的優先順序。

當你檢查待辦事項清單時，要確定哪些任務是緊急的，哪些是重要的。這兩者的區別在於：緊急任務是「不管其結果如何都需要立即著手進行」，而重要任務是「如果沒有完成才會產生後果」。電話響時可能顯得很急，或者至少有點煩人，但它可能是推銷電話，如果你不接後果會怎樣？提交給客戶的報告很重要，如果沒有按時交付可能會損失慘重。當你判斷一項任務是否重要時，不妨問問自己以下問題：

- 如果沒有完成，會對其他人或其他工作產生什麼影響？
- 該任務影響到多少人或多少工作？
- 是否有一些任務必須在該任務完成後才能開始？
- 該任務有價值嗎？

顯然，重要的任務必須先完成。為了進一步區分它們的優先順序，要先弄清楚哪些任務時間緊迫、有截止日期。這可以幫助你篩選出最重要的任務，這樣你就可以先專注於它們。既重要又有截止日期的任務會排在最前面，那些即將到截止日期的任務顯然需要首先完成。還有，清單上有任務逾期嗎？如果有，後果是什麼？你能在截止日期前得到延期嗎？

說到時間，你還需要決定清單上每個任務需要花費多少時間。標記出那些可以快速完成的。如果你已經完成了一些重要事情，沒有時間或精力在午餐前或一天結束前完成另一項重要任務，就把注意力轉移到輕鬆、低強度的任務上，立即處理它們，它們就會很快從你的待辦表單中被移除。

人性就是如此，總有一些事情不是我們必須去做，而是我們願意去做的。為了進一步幫助你區分待辦事項清單裡的優先順序，你需要考慮以下事情：

1. 不想做的且不需要做的事。
2. 不想做但必須做的事。
3. 想做且必須做的事。

4.想做但不需要做的事。

去掉你不需要做的事——上述的1和4。看看2和3的任務，你很想跳到第3類：想做且必須做的事。然而，你首先要解決第2類問題。將你不想做的事情整理起來，然後激勵自己去完成。例如，戴上耳機一邊聽音樂一邊工作，這能幫助你心情愉悅地完成此項任務。

優秀的管理者既聰明又勤奮，他們會集中精力和時間。為任務設定優先順序可以幫助你專注在重要的事情上。

😐問題：

我對「指導」和「建議」之間的區別感到困惑。它們似乎可以通用，但我認為這兩者有區別。對待員工，我什麼時候該指導，什麼時候該建議？

答案：你說得對，指導和建議是兩個非常不同的管理過程。對於管理者來說，知道何時以及如何使用指導和建議是很重要的。指導和建議是非常有價值和有影響力的管理技巧。接下來要對此進行詳細解說。

● 指導：也許你有一個優秀的下屬，他已經把工作順利完成，但為了達成下一個階段，他可能需要鼓勵和支持。優秀員工在大多數領域都有出色的能力，但還需要提高自己在某些領域的程度。例如，他們對工作的所有技術都很熟悉，但需要提高自己在職場政治上的覺悟。

如果員工已經處在巔峰狀態，你應該對他進行指導，提升他的業績。指導是一個發人深省、富有創造性的過程，能激發員工個人和職業潛能。

當你認為員工可以承擔新的責任或達到晉升標準時，你可以指導他們。你注意到他們總是高效、高品質地完成現有工作，而且隨著時間的推移，他們的表現證明了自己已經具備承擔下一份工作所需要的能力，然而他們的職場形象還是有所欠缺，這時一個好的管理者會擔起責任，對他們提供指導。

● 建議：建議運用在行為發生問題時。你發現員工無法正常完成任務，或者態度問題阻礙了他們的成功，此時你可能需要採取進一步的行動來解決這個問題。你的目標是幫助員工改進他們的表現或糾正他們的行為，這樣他們才能繼續和你一起工作，並發揮最高表現。

假設你在一個銷售單位，你的團隊已經連續兩個月沒有完成銷售目標，你需要詢問團隊成員來發現問題所在。他們需要更多的培訓或支援嗎？他們是否已經對工作失去興趣，需要一些協助來重新找回熱情，還是該換個工作了？這些方法都是必要的，你必須參與其中，了解問題所在，並盡最大努力幫助員工提升業績。

一個成功的管理者既是一個職涯導師又是一名顧問，他知道每個員工在特定的時間點需要什麼。你必須是一個好的傾聽者，並且願意留住最優秀的人才。好的管理者會設定清晰的期望，並經常把員工的不足回饋給他們，同時鼓勵員工學習和成長。

😐 問題：

我必須和一個行為不合公司規範的員工討論工作的問題。我要怎麼做才能不讓這個討論顯得有懲罰性呢？

答案：即使員工已經履行了大部分職責甚至全部職責，但有時他們的行為令人難以接受，有些行為甚至已經危害到他人，這些行為如辱罵、爭吵、曠職或遲到，既製造障礙妨礙他人工作，也違反了既定的行為標準，你必須採取糾正，讓員工重回正軌。

管理者往往不願意解決這些問題，所以當你意識到需要這樣做時，說明你已經十分優秀。不要因為害怕不愉快而延後採取糾正措施，問題不會自動消失，你也不能以迴避的方式來幫助員工。如果你不加以觀察留意，日後會更難糾正他們的行為，你和員工都會失去團隊成員的信任。你可能會失去團隊的尊重，成員們也會拒絕與你合作。「不可接受的行為」會影響底線，低效工作或員工間的緊張關係，這些最終會導致更高的成本和更低的利潤。請記住，優秀的員工希望與其他優秀的員工一起工作，所以如果你對問題行為不聞不問，你可能會失去優秀的員工！

採取糾正措施並不意味著懲罰員工，它只是循序漸進的一部分。一般來說，公司會有一個漸進的紀律規定，這些規定通常以口頭警告開始——問題應該記錄在案——並逐步發展為不同級別的書面警告和停職，直到最後解僱。漸進的規定在於給員工足夠的機會去糾正他們的行為。你要與人力資源、法務人員一起協力配合，確保你的紀律規定合理合法。

當你和員工心平氣和地溝通時，你可以採取一些措施來糾正他的這些行為：

1. 指出員工正在做的事情和他應該做的事情之間的區別。
2. 具體描述員工的行為對自己、他人和公司的負面影響。
3. 給員工解釋的機會，他們的行為可能事出有因。然而，不要輕易相信他們的藉口。
4. 聽聽員工認為可行的糾正措施，並提出你自己的想法。
5. 如果情況沒有得到改正，要說明你計畫採取的下一步措施，應該要包括公司紀律規定中更嚴厲的處罰。
6. 透過制定行動計畫和追蹤日期來確認員工是否兌現了行為改正的承諾。
7. 最後，要對員工展現出你對他們糾正錯誤的信心。

在管理者的工作中，「糾正他人行為」不是一件令人愉快的工作，但不要讓它壓倒你。在處理困難局面時要保持員工的自尊，這讓你有機會採取面對面的糾正措施，避免失去團隊成員。

😐問題：

我有一個員工表現很好，完全能勝任自己的職務，但我認為他有能力做得更好。我想指導他進一步提高他的業績，讓他有機會作出更多貢獻，但我不知道該怎麼做。你有什麼建議嗎？

答案：你能意識到這個機會，說明你很有遠見。高效管理者將工作中出現的問題視為與團隊成員合作的機會，以此提升團隊技能並為未來發展積蓄優勢。他們總是在尋找培育人才的機會，這一點很重要。

當你用「指導」的方式時，你是在與員工合作，讓他們認識到自己的潛力，並有機會加強他們的技能。你正在激發他們內在、自覺的動力。這將使團隊更有技巧、更加靈活，能為團隊帶來額外的資源，這也能讓你騰出時間用於管理。

以下是你可以納入日常實際管理的指導方法：

1. 確認指導機會——具體一點——理解為什麼它對員工、團隊和公司都很重要。
2. 你如何利用這個機會來開發員工潛能，以及如何把它與員工的興趣、職業目標產生連結。換句話說，員工能得到什麼？

3. 讓員工意識到這個指導機會不同於其他任何機會，對他們至關重要，強調這是在一個特定的開發領域，以員工為核心，以免他們意識不到自己的價值。要展現出這個機會的重要性，讓員工知道：他們自身的努力不僅會讓自己、還會讓團隊和公司受益。

4. 詢問員工的想法。鼓勵員工主動分析自己的表現，評估自己的進步，培養他們對自己的行為和發展的責任感。

5. 尋找提高員工績效的具體方法。這表示你尊重他解決問題和提出想法的能力。最好的想法往往來自一線員工，同時你也要避免把自己的觀點強加給員工。

6. 對員工的想法提供回饋，並提出你自己的想法。員工的想法應該得到你的坦誠回應，運用你的技能來指導、鼓勵員工。你的想法可以在更廣泛的管理層面和公司立場上為員工提供更多的選擇。

7. 總結你們討論的內容並計畫追蹤。這重申了員工的承諾，並為接下來的行動設定步調。

8. 最後要對員工表示支持，這會激發和建立他們的自信。

指導應該是一種持續的努力，幫助員工改善糟糕的表現，獲得新技能，並充分發揮他們的潛力。這樣做可以讓他們承擔更多責任，也不會讓你覺得負擔過重。

😐**問題：**

我注意到一些員工在技能上有差距。團隊中有幾位新員工，當中一些人在苦苦掙扎，另一些人則準備承擔新職責。我能做些什麼來彌補這些差距呢？

答案：現今組織所需要的技能是不斷變化和發展的。你想幫助員工成長和改變以應對這些挑戰，這一點很好。作為管理者，你有多種方法來幫助團隊成員開發工作技能，無論是有形的技能（技術或機械，如操作機器、製作預算、研究調查），還是無形但重要的人際溝通能力（例如處理衝突和應付顧客）。

使用以下有系統且簡單的方法比走捷徑（例如簡單解釋而非示範，建議員工閱讀手冊，在網路上自行搜尋資訊並解決問題）更有用。但是，在開始之前請確定員工是否擁有他們需要的所有資源。

1. 明確任務及其重要性。這可以讓員工明白你的要求，一旦他們理解了任務的重要性，就會激勵自己學習，因為他們明白不懈的努力會讓自己成功。

2. 向員工說明如何有效地執行任務。這能夠讓員工明確具體目標，並成功完成各項任務。

3. 列出任務步驟，包括完成任務的順序等。把一項任務按照邏輯步驟進行分解，可以避免混淆並讓員工熟悉任務流程，不再懼怕看似複雜的工作內容。

4. 示範或模擬任務。這是最有效的一種學習技巧。大多數人都是透過觀察而非單純的聽講來學習，單純的講述會忽略一些重要問題以及細微之處。

5. 要求員工在完成任務時，示範或執行每個步驟，以便你可以了解他們是否理解任務內容以及他們的困惑所在（如果有的話）。在安全的環境中持續練習能夠培養他們的信心。

6. 提供準確且立即的回饋，以便員工了解自己正在做的事以及可能需要改進之處。

請記住，若員工需要學習的內容比較簡單，就可以相對快速地學習，並且你應該很快就會看到成果。但是，有些內容比較複雜，需要更多時間來學習，對此則需要更長時間才能看到成果或得到改進。不管是哪種情況，提高員工能力，幫助他們發展進步以滿足產業最新要求，這都能使你的團隊更加成功，同時也會增強你作為管理者的信譽。

☹ **問題：**

我們的團隊成員非常多元化，他們來自不同國家和地區，具有不同的文化背景。在這種環境下該如何管理團隊呢？能否給我一些建議？

答案： 現今的工作環境確實變得越來越多元化，同時也創造了許多新的機遇和挑戰。隨著越來越多的文化個體聚集在一起，我們發現每個人都有自己獨特的思考方式、價值觀、信仰，以及不同的喜好。每種文化之所以與眾不同，是因為在不同的文化層面上對某些變數的偏好有所差異，包括：

- **對權威的看法：** 傾向於人人平等，包括我們對待管理層和其他人員的態度，而非注重層級地位、遵循一切命令、重視正式關係。

- **溝通方式**：傾向於直接且中肯的溝通方式，而非機智卻含蓄的間接方式。
- **重視個人**（信譽、價值、個人獎勵）或是強調團隊（共同承擔責任／問責制，不重視個人成就）。
- **解決問題的方式**：傾向於線性或邏輯方法，直線的思考順序，而非橫向或直觀的方法，不傾向用循環且曲折的思考順序。
- **工作方法**：常以任務為重點，重視工作和資訊，而非以關係為重點，不傾向於重視與同事之間的關係或與他人的相處。
- **解決衝突的方式**：傾向於以直接且公開的方式處理衝突，認為討論差異很有成效，而非避免衝突、忽略問題，認為討論差異是適得其反的。
- **變革方式**：傾向於為了進步和改進而接受變革，重視創新，而非偏愛傳統，認為變革具有破壞性，不傾向於重視穩定秩序、樂於保持現狀。
- **看待時間的方式**：具有嚴格的時間意識，能夠及時完成任務，重視截止日期，儘快執行各項任務，而非忽略時間，不重視最後期限，隨意對待工作進度。

要意識到其他人的看法可能與你有所不同，如果他們來自不同的國家更是如此。

不要因為他們的國籍而對他們產生偏見，即使是相同文化中的人們也存在各種差異。同時請記住，文化是超越民族存在的，它也存在於其他社會群體中，例如人們工作的組織、組織內的部門或團隊等。你可能會遇到很多與你相似的人，但他們來自不同組織，從事不同行業。

如果你意識到他們處理問題的方式與你不同，請盡量耐心對待。探討這些差異對你的團隊也大有裨益。你要學會接受這種差異，甚至可能要與他們達成共識。

☹問題：

我知道批判性思考很重要，特別是對管理者而言更是如此。我怎樣才能提高這方面的技能呢？

答案：作為一名管理者，人們會經常向你提供資訊，並試圖影響或說服你做某件事。這種情況下，你不得不作出許多不同的決定，所以提高自己的批判性思考能力是件好事。

批判性思考是指：對接收到的訊息以及其可信度作出判斷。與其他人溝通所得到的訊息成為我們作決定的基礎，同時，我們也必須運用自己的知識經驗作決策。如果我們不進行批判性思考，其他人就會影響我們的判斷，從而產生不良後果。

批判性思考的關鍵是「判斷得到的訊息是否可信、可驗證，是否與其他事實以及訊息保持一致」。你可以藉由以下特點來判斷自己接收的訊息是否可信：

- **合理性**：從表面看，該訊息是否真實合理？抑或該訊息是在歪曲事實？有時判斷一則訊息的合理性說起來容易做起來難，所以適當質疑可以幫助你避免採取不明智的行動。如果你認為該消息的真實機率很低，那它可能就不是一則真實的訊息。
- **一致性**：該訊息是否前後矛盾？如果一則訊息中包含多項聲明或事實，就必須要確定它們是否一致。如果你沒有留意該消息的發言者所說的內容，就有可能會錯過證明這則訊息前後矛盾的關鍵事實。其次，你還要思考該訊息是否與消息中未包含的其他已知訊息一致。例如，你被告知老闆對報告不滿意，但你明明剛從老闆辦公室出來，而且他已經批准該報告。
- **可靠性**：訊息來源（發言者）是否可靠？你對此人提供可靠訊息的過往記錄了

解多少？例如，他們是否誇大事實？你身為新任管理者，如果不熟悉某個發言人，在你得到更多關於他的訊息之前，不要過早對他提供的訊息作出判斷。

- **可驗性：**所有有關事實的觀點都可以得到驗證嗎？如果該觀點與眾不同，則需要驗證其真實性。在現今社會，社群媒體和各種資訊氾濫，你非常有必要檢驗一則消息的真實性。網路世界中充斥著各式各樣的錯誤資訊和虛假聲明，花時間確保你接收到的訊息的真實性，顯得尤為重要。

提高批判性思考能力可能需要一段時間，如果在面對一則特別複雜的消息時，你能夠深思熟慮，不輕易下結論，就能作出正確抉擇。

☹ **問題：**

既然我是一名管理者，肯定會遇到很多需要我作決策的情況。我應該如何應對這些情況？能給我一些建議嗎？

答案：你說得非常正確。身為管理者，你會遇到各式各樣的狀況，例如團隊員工的待遇問題，或針對一個問題尋找不同的解決方案等，因此擁有強大的談判技巧絕對是一個優勢。在進行談判時，要記住以下幾點：

- **就事論事**。簡單地說，不要受到不同身分的影響。不管你對他人的看法是積極還是消極，都不要讓這種態度影響你的判斷。你要明確知道自己正在努力解決的問題，並始終集中注意力。不可否認地，如果你遇到一個難對付的人，或者受到太多的情緒阻礙，這些對你來說都是一個不小的挑戰。
- **注重利益而非立場**。立場是我們在爭論、談判或衝突中採取的態度，是我們對他人的要求，是我們在職場中選擇的立場。而利益是我們真正想要的東西：我們的需求、願望以及關心的事。簡單來說，利益就是「如果問題沒有解決，我們會得到什麼抑或會失去什麼」。重點在於當人們過分看重立場時，真正的問題就會和解決方案一起被掩蓋住。
- **提供選項或潛在解決方案**。若你能夠詢問員工的意見，就會發現你們對同一個問題有不同的解決方案。同樣地，不同的解決方案可能適合不同的人群。要解決一個問題就要有創造性的解決方案，且能滿足雙方利益。集思廣益可以為你提供更多選擇，即使一些選項可能看起來比較瘋狂，也不要因為某個建議比較瘋狂就批評別人。這種做法能激發員工的創造力，讓你能夠進行多方評估。所有人都發表意見之後，你再選出最佳解決方案。

- **堅持使用客觀標準**。在你評估各個選項之前，需要確定評估的客觀標準。客觀標準應該是實用、與評估內容相關且具備合法性，它通常是基於各種標準，例如市場價值、先例、專業或產業標準（如安全品質標準），也可以基於相關人員或組織的平等、公平和誠信等類似的價值觀。

如果你被某個問題所困擾，有時可以使用「暫時擱置」的方法來暫時放鬆一下。如果你暫時放下一個問題，就可以從不同的角度去看待它、了解他人的看法。這會幫助你更加明白這個問題，並充分運用你的想像力去解決。有時，最瘋狂的想法卻能產生最好的解決方案。

最後，不要被情緒困擾。若你無法擺脫自己的不良情緒，至少不要讓它們主導你。充分認識你和他人的情緒，才能更好地繼續前進。

☹問題：我知道自己需要調解員工之間的分歧。可以給我一些建議嗎？

答案：調解技能對管理者而言至關重要。很多時候，管理者試圖快速解決每一個問題，但長遠來看，過於心急可能會產生更多問題。調解團隊成員間的分歧能幫助團隊找到恰當的解決方案。作為調解員，你應該秉持客觀的態度，並保持中立。

進行調解是解決衝突的一種方法，你要允許相關人員自行制定解決方法，而不是直接由管理者或其他不相關的人強行提供方案。這讓涉及分歧的人能有機會表達自己的想法，更重要的是，可以了解對方的態度。以合作的方式彼此交換訊息能加強團隊間的協作關係。

你應該安排分歧的雙方（或所有人）進行面對面溝通。溝通時，讓員工意識到存在的問題以及其對工作環境的影響，告訴他們溝通的目的是要讓他們找到問題的解決方案。一定要確保所有相關成員都能出席。你可以表明自己的態度，告訴他們：「我很樂意為大家提供便利的環境，安排一個私人場所來供大家討論溝通，但你們要承諾會進行專業且實用的討論。」在會議開始前，確定每個人的角色。明確表示你的任務是推動而非主導他們之間的討論，你不會提出問題抑或給出任何建議。例如，你可以說：

- 「我的任務是幫助大家找到合適的解決方案，不會決定要使用哪種方案。我會幫助你們冷靜交談，不會說太多話。」
- 「我的意見無關緊要。你們需要找到一個彼此都認同的解決方案。」
- 「我的任務是讓討論集中在這個問題上，並鼓勵大家去解決它。」

你應該在會議開始時制定準則，讓每個人都意識到問題所在以及涉及的利益，這樣他們就不得不互相提問並最終制定出解決方案。制定解決方案是他們自己的責任，並非你的責任。

聰明的管理者知道團隊成員之間必然會產生分歧，但他們會盡一切努力防止分歧擴大，否則最終將演變成更具破壞性的衝突。請記住以下幾點：

- 對團隊成員之間的工作關係時時保持敏感度。
- 鼓勵成員與你、或他們彼此之間進行開誠布公的談話，確保不會掩飾或隱藏任何問題。
- 出現分歧時了解各方利益。這可以幫助你更快處理問題，而且若你必須調解一些分歧，了解各方利益能幫助你更有效解決分歧。

😐問題：

當我與其他人討論時，我想確保他們的談論是有意義的，而不僅僅是各種閒聊。對此有什麼建議嗎？

答案：說得好。有意義的討論會讓溝通非常有效率，這樣大部分談話就是有意義的。當在談論真正重要且能產生重大影響的事情時，談話就變得十分有意義。作為管理者，你會經常與別人進行重要談話，例如面試應徵者、討論成員的表現或提供回饋，這些只是你與團隊成員進行談話的情況，你還會與你的主管、其他部門同事和業務合作夥伴討論重要事項。

在重要談話中，最關鍵的是時間、真相、信任以及溝通意願。讓我們對此做進一步探討。

- **時間：**花充足的時間處理眼下的事情。不要過於急促地傳達訊息，放輕鬆，告訴大家：「是的，我們很好。」請確保對方能收到你的訊息且有時間予以回覆、提出問題並作出解釋。
- **真相：**無論事實多殘酷都要如實相告。隱瞞或謊報一個對他人來說難以接受的問題並不是在幫助他們，反而會傷害他們。要相信他們有能力處理好所有問題。
- **信任：**相信自己也相信對方。這件事是雙方的責任，大家都希望得到一個良好的結果。尊重談話過程中的休息停頓，這是雙方得以溝通心得的機會。
- **溝通意願：**溝通意願是去面對需要解決的問題並具體說明。保持開放透明的態度，不要試圖掩蓋問題。同時，要意識到你可能會讓某人產生不滿情緒，注意你的語氣和說話方式。

進行重要談話前作好充分準備，了解你想要傳達和接收的訊息，盡可能提供具體且詳細的資訊，並意識到你掌握的訊息可能是另一個人所需要的。仔細檢查，確保你提供的訊息準確無誤。

任何談話都以對話形式進行，藉以提供或接收訊息，可能有些想法會頗具爭議或不得人心。以下內容可以鼓勵大家認真討論並確實接收對方的訊息：

- **以禮待人**，這能建立輕鬆且人人平等的溝通氛圍。積極參與對話，意味著你在認真傾聽對方的發言，這對建立彼此之間的尊重和信任關係至關重要。
- **鼓勵他人**，這能幫助你從對方那裡獲取更加詳細的訊息。你可能會需要他們對自己所說的內容做詳細解釋，好讓你可以更加理解他們傳達的意思。鼓勵他們繼續表達自己的想法，並說明你對他們所說的內容十分感興趣。
- **換位思考**，用自己的語言說出對方的觀點，一方面表達你對問題的理解，另一方面，如果你誤解了他們的意思，對方就有機會重新解釋自己的想法。

最後，積極參與每場重要談話。人們更容易聽取且記住積極的內容，而非消極的內容，這樣大家更有可能記得你說的話。積極的方法會產生積極的結果。

☺問題：

會議中大家經常情緒高漲，我擔心討論會失控。我知道有情緒是正常的，但是我能做些什麼來控制這種情況，讓情緒不會干擾或支配我們的會議呢？

答案：我假設你所說的情緒是諸如憤怒、急躁等消極情緒而非類似熱情、激動等積極情緒。如果會議中大家普遍比較熱情，那不一定是壞事。但憤怒、急躁或漠不關心這些情緒卻會產生嚴重後果。

如果你主持一場會議，你就有責任掌控現場。即使這場會議並非由你主持，你也可以委婉地幫助主持人掌控現場。以下是會議中應該避免的一些做法：

- 不要分心或讓別人分心。若你想繼續討論主題，而其他人轉到了其他話題，就把他們拉回來。你可以說：「你似乎真的對此很感興趣，但這個話題不是今天的會議內容。下週我們再談論這個問題好嗎？」

或者：「這是一個有趣的觀點，但我覺得它與這次討論內容沒什麼關係。」

- 不要打斷別人。除非有人偏離了討論主題而你需要把話題轉回來，或者有些人一直在侃侃而談，這時就需要打斷他們並給其他人發言的機會。如果你發現有人不停打斷別人的發言或有人一直在竊竊私語，就可以使用「接力棒」策略，就是拿到「棒子」的人才能說話，說完之後遞給下一個要發言的人。任何人如果沒有拿到「棒子」，就只能聽別人發言。
- 不要讓一個人掌控整個談話。這會讓其他人無從發言進而降低他們的參與感。如果這種情況經常發生，請給一些暗示，提醒他們已經說得夠多了，可以把時間交給其他人。

即使現場氛圍控制極佳，情緒反應在某些情況下通常也發生。控制你自己或他人的情緒可能是一項特殊的挑戰。憤怒的情緒會讓每個人都處於防備狀態，當你處理他人的情緒化行為時要謹記：

- 秉持客觀態度，就事論事。通常在談論內容偏離主題時無法做到這一點。
- 深呼吸。這會使你保持冷靜和專注。
- 保持積極的行為。要有禮貌，言行得體。對情緒化行為要以智取勝，並保持敏銳，讓他們知道你理解他們的挫敗感。
- 能意識到情緒的產生。了解情緒化行為對討論、會議以及其他參與者所產生的影響。
- 即使你感到很沮喪，也不要讓你的語氣聽上去很委屈。
- 使用柔和的方法來回覆。讓你的聲音、微笑和肢體語言都變得盡量輕柔，這對他人傳達出虛心的信號，代表你樂於聽取不同的意見。
- 確定在目前的狀況下，討論或會議是否能以積極方式繼續進行，如果不能，提議重新找時間討論。

最重要的一點還是要記住：控制好自己的情緒。情緒極具傳染力，你很容易就陷入別人的情緒中。不要為了解決一件情緒化事件而試圖屈服於別人的要求，保持公平公正的態度，你就可以幫助成員維持積極良好的團隊關係。

😐 問題：

我曾經有一位主管是「搖頭族」，總是反對好的意見。我不想在我的團隊中犯同樣錯誤，也不希望他們之間彼此否定。我應該如何鼓勵每位部屬積極貢獻好主意且被人認可呢？

答案：沒有什麼是比消極的態度更能讓個人或團隊失去動力了。你想讓自己的團隊在積極的環境中工作是正確的，能意識到這一點是轉變態度的良好開端。

首先，你要知道如果你能正確管理情緒，反對者也是積極有用的。事實上，許多（但不是全部）被認為是反對者的人，其實都十分有遠見。他們能夠預見別人想不到的東西，不會被傳統的思想所束縛。

當有人提出違背公司或團隊既定準則的想法時，請多加警覺，將這種想法轉向積極的方向，而不是單純回應他們「這麼做不管用」。例如，你可以這樣說：

- 「這種做法能如何發揮作用？」
- 「那會是什麼樣子？」

- 「我們如何把這個想法付諸實行？」
- 「非常有趣，請告訴我更多細節。」

這樣做能讓遭到質疑的員工深思熟慮並詳細闡明自己的提議。給予他們成長的機會，提出一個實施新想法的計畫。可能會發生的最糟糕事情不過就是這個計畫失敗了，但他們卻可以從努力中汲取經驗教訓。

如果另一個團隊成員試圖反對這個想法，你可以告訴他，「我們得到了一個不同的觀點，我想聽到更多不同的想法」。這就是在對所有人傳達出：你鼓勵和重視新想法。

你也可以採取其他方法來應對團隊中的反對者。順便說一下，「我們總是那麼做」是商業討論中應該要禁止的一句話，你可以藉由詢問「為什麼」來解決反對者的問題，這會讓發言者明白：要仔細思考當前的工作過程或方法，並加以詳細闡釋。如果他們無法解釋，不要感到驚訝。在通常的情況下，團隊會堅定地以一種固定的方式行事，如果發現到一種更好的方法，就不會再繼續探索下去。

還有一種常見的行為就是說：「沒有人再這樣做了！」來回應別人的意見。如果你遇到這種或類似的評論，可以詢問以下問題：

- 「你為什麼會這麼說？」
- 「你有什麼證據來支持這個結論？」

上述的兩種回應方法，你都在質疑發言者，因此請確保你的語氣、肢體語言和你希望他們理解的一致。你要讓他們知道你已經了解他們的想法，並正在考慮他們的意見，而且你希望他們能夠作出有價值的貢獻。如果他們並不總是十分樂觀，那麼對你來說，這就是你能幫助他們的大好機會。管理者最不願看到的就是「有人只是為了反對而反對」！

一個好想法需要有一個良好的計畫來實施。當團隊成員提出新想法時，質疑或對他們提問，能讓他們進行更深度的批判性思考並規劃前景，確定這一想法可以達成什麼成果以及該如何執行計畫。如果你能鼓勵他們成為有遠見的人，而不是只會提出反對意見，就能幫助他們建立信心，他們也會更加願意為團隊作出自己的貢獻！

☺問題：

如何讓團隊成員對自己的行為和工作負責？

答案：問責制就是對自己的行為負責。這是一件說起來容易做起來難的事，但有責任感確實至關重要。身為管理者，你需要告訴員工承擔責任的重要性，但你必須以身作則。

管理者應該要讓員工對自己的工作負責，但在此之前，你必須設立明確的期望。

管理者最重要的職責之一就是：讓團隊成員了解你對他們每個人的期望。如果他們剛剛加入你的公司或團隊，或者你剛剛開始進行一個新專案，或是你分配給他們一項之前從未分配過的任務，他們就必須清楚知道以下的問題：

- 任務或專案的截止日期是什麼時候？
- 提報的關鍵成果是什麼？
- 在工作過程中有階段性的截止日期嗎？
- 專案結束時能獲得怎樣的成果？

● 該如何衡量自己的表現？

他們還應該知道：你會在他們工作時提供他們協助或解答疑惑。這是你作為管理者應該履行的重要職責之一。

只有團隊中每個人都明白你對他們的期望，他們才會對自己的工作負責。讓員工承擔起自己應負的責任並不是微觀管理。設定明確的期望，根據員工的需要提供幫助，然後放手讓他們自行進行工作。如果你聘請了精英人士，並給他們分配了明確的任務，你就應該相信他們能盡最大努力完成這項工作。這就是員工在工作中學習和成長的方式。

當出現問題和困惑時，請認真聽取員工的要求，以便下次分配任務時可以了解更多訊息。若你想成為以培訓員工而聞名的管理者，就要致力於栽培團隊的人才，讓他們能做得更好。人們都願意為這種管理者工作！

當你已經為員工設定了明確的期望並提供所需的幫助，但他們卻做得不夠好，你就必須承擔後果。如果不這樣做，你的團隊很快就會知道你言行不一，他們就不會對自己的行為負責。

還有最重要的一點：你必須對自己的行為負責。如果你在截止日期到來時還未完成任務或發生嚴重錯誤，就需要對自己的行為負責。你應該為部屬做榜樣。

☺問題：**我除了要主持與部屬的會議，還會被要求去主持與其他團隊的會議，甚至是研討會。我該怎麼做才能加強我的引導技能呢？**

答案：引導（Facilitation）不僅僅是指引你的部屬開會。引導是一個「把人們聚集在一起解決問題或探索新想法」的過程。

優秀的引導者知道如何直接切入主題，建立基本準則或運用特定結構來解決問題。他們知道如何引導討論並讓每個人都參與進來，而且善於選擇一個有建設性的解決方案。

有時最好聘請訓練有素的引導者，特別是當你們的問題受到高度關注、涉及政治因素、或與會人員地位尊貴的時候。然而為了管理好會議現場，你可以學習成為一名優秀的引導者。

在會議開始時，制定出一些基本準則：

- 每次只有一個人發言。
- 互相傾聽，彼此尊重。
- 準時開始，準時結束。
- 對會議內容保密。
- 指導大家做會議記錄。

大家對基本準則達成共識後，查看會議議程並進行一些調整。例如，由於時程原因，你可能需要添加或刪除部分話題。請一位值得信賴的同事掌控時間，以便你控制會議進程。

引導者的最重要作用是：讓每個人都參與其中。我們都遇過在一場會議中一兩個人主導談話的情況，導致團隊中的其他成員沒有機會發言。你需要確保每個人都能發表自己的意見。

解決這一問題最簡單的方法，就是規定從左至右每個人輪流發言，這樣可以避免外向的成員一直主宰話題，要給內向的人更多參與討論的機會。這需要反覆練習，所以若第一次嘗試時不順利，也不必擔心。

如果討論內容偏離了主題，可以使用活動掛圖或白板把大家討論的內容記下來，以免遺忘這一話題，同時讓大家知道你們將在下次會議上討論。如果你發現有人並未積極參與討論，或在會議中故意搞破壞，就在休息空檔與他單獨交談。

如果在採取進一步行動前需要對某一主題進行表決，可以讓大家用舉手方式進行投票。

結語

人事管理是一項頗具挑戰的工作，沒有人能把所有工作都做好。尋找值得信賴的同事或指導者，幫助你處理職涯發展中可能遇到的問題。記住：尋求幫助並不可恥。相反地，這是聰明人的標誌，因為他們在努力做到最好。

Chapter 03 建立和管理你的團隊

招募和解僱並非易事。在招募時，管理者必須選擇合適的員工，錄取後再為他們設定期望和目標。團隊管理十分複雜，是管理者工作中最重要的部分。你要藉由表揚和獎勵來激勵優秀員工，留住他們，提供回饋並確保他們的技能與時俱進。本章將解決此類的相關問題。

☹問題：

怎樣才能確定我僱用的是領導能力超強的人呢？這令我十分苦惱。可以提供建議或分享成功祕訣嗎？

答案：領導技能是成功建立團隊和公司的關鍵，但確實需要一些技巧來找到領導者，並說服他們加入你的組織。你可能在面試時沒有問對問題，所以讓我們來看看如何在面試中發現員工的領導潛力。

成功的領導者是其他人想要追隨的人，要麼因為他們的抱負，要麼因為他們能激勵員工做得更好。領導者能讓追隨者感受到被重視和認可，並以符合道德的方式行事，在對員工提出高要求的同時會關心諒解員工。那麼，你該如何找到具有領導技能的人呢？

請不要從像是「你是否有領導能力？」之類的問題開始。因為任何聰明的應徵者都會回覆「有」，如果你僅聽他們的一面之詞就僱用他們，這可能是一個巨大的錯誤。你必須提出一連串精心設計的問題才能獲得所需的訊息。

以下是你可能需要提出的問題：

- 你認為哪些價值觀能說明你的領導能力？
- 請講述一個在你為新計畫和專案尋求支持時，你的想法卻不被接受的案例。
- 分享一個你的失敗案例。告訴我發生了什麼？你又從中學到了什麼？
- 你認為領導者與管理者有何不同？在最近的工作中，你是如何展現出這些能力的？
- 領導者最重要的特質是什麼？請告訴我一個你表現這種特質的情況。
- 請講述一個你必須做出會影響他人且備受指責的艱難決定。你是怎麼傳達這個決定的？結果又如何？

在你詢問每個行為問題後，一定要進行更深入的探索以獲取更多資訊。可以像這樣提出問題：

- 你是怎麼做到的？
- 你這樣做的結果是什麼？
- 你學到了什麼？
- 再告訴我一些關於……

如果你提出合理的問題並認真傾聽他們的回答，你應該能夠發現具有領導能力的人。當真正的領導者談論他們的成就時，他們使用的「我們」比「他們」要多得多。他們知道成功不僅取決於自己的能力，還取決於他們使其他人充分發揮潛力的技能，這就是能使你的組織朝正確方向前進的領導者。

😐問題：

我的公司在工作上鼓勵多元化和包容性，我真的希望在吸引和僱用更多樣化員

工方面做得更好。作為管理者，我在執行公司多樣化和包容性策略方面應該怎麼做？有什麼建議嗎？

答案：在變化莫測的時代，所有組織都知道，要獲得成功必須吸引並留住最優秀的人才，這代表要充分利用現今全球市場上大量的應徵者。多樣化意味著尋找具有不同觀點、來自不同地方、身世背景不盡相同的人。它超越了性別、種族或民族等傳統差異。

一個公司中的多樣化和包容性必須有最高階層管理者的認同和支持。

招募工作是一個好的著手點，你可以透過新途徑尋找面試者。現在的人力銀行豐富多樣，你可以在網站上列出你提供的職位。公司的人力資源部門可能會給你更多建議，另外，不要忽視自己的員工，你可以問他們哪裡能尋找到不同的面試者。你可能會從他們那裡得到一些好意見。

只是僱用多樣化的員工是不夠的。為了學習和確保做出更好的決策，你的公司必須是一個能夠容納不同信仰、背景、才能、能力和生活方式的地方，這才是所謂的包容性。

你的公司需要歡迎那些想法、觀點或行為與眾不同的人，並創造一個讓他們受到重視並能有所貢獻的環境。你可以設立跨職能團隊，進行團隊的創造性活動，鼓勵員工溝通交流以促進彼此學習，培養這種公司文化。

你要將包容性用在實際的溝通策略、職業和專業發展計畫、招募工作、統籌領導以及管理中。換句話說，多樣化和包容性不能被視為「程序」，而是必須成為公司文化的一部分。這是所有成功的組織變革努力的關鍵。

多樣化和包容性有助於組織提高生產力、吸納人才，在市場中具有競爭優勢。

☹問題：

我記得以前我被錄用時，我的報到重點在於了解行政事宜，我花了很長時間才了解公司文化。現在我帶領新進員工時，我希望自己能做得更好，能夠讓他們在上班第一天就了解公司文化。對此有什麼建議嗎？

答案：你說得對。精心設計和執行良好的報到流程是吸引和留住新員工的第一步。你希望他們認為加入你的公司是正確的決定，並希望他們儘快提高工作效率。你需要快速處理與福利、薪資或安全性相關的各種問題，但聰明的管理者會運用科技，在企業內部網或透過公司網站提供資訊，為所有管理問題提供一站式資訊站。這不僅節省時間，而且能在一開始就避免資訊超載。

當面試者接受工作邀請時，一個傑出的報到流程就開始了。要利用「接受工作邀請之後和開始工作之前的時間」與新員工進行溝通。透過電子郵件告知他們需要知道的事項：抵達時間、停車地點或其他通勤選項，以及他們抵達時可以尋求幫助的人。管理者應該要發出歡迎通知——電子郵件、手寫便條或電話，讓新員工知道每個人都很高興他們加入團隊。

可以請你的部屬在工作前一天聯絡新員工，這不僅會讓對方感受到大家的熱情，還可以在工作開始前就建立好合作關係。工作第一天，新員工就能認識他們的同事——除了管理者以外的其他人，並且可以藉此來了解一些問題。不要讓新員工為以下問題感到困惑：「我應該帶午餐嗎？如果是的話，我可以把它放在哪裡？」或「我的工作空間是否有地方可以放錢包並鎖上？」

為新員工的第一天工作做好準備。首先，要在他們的工作空間準備好所有工作所需的工具和設備。作為管理者，你應該在新員工上班第一天盡可能花時間與他們相處。不要預訂太多會議，但如果不得不離開，請讓團隊中的其他成員代替你帶他們熟悉環境。其次，你應該和新員工共進午餐（如果由於某種原因你不能帶他，就安排其他人代替你），並和他分享公司的歷史、願景、價值觀和使命。千萬不可以直接給新員工一堆手冊，讓他們自己在會議室裡閱讀那些他們可能無法理解的資料——這是極其不可取的做法！

報到流程通常不會在第一天或第一週就結束。在入職三十天、六十天以及九十天時，都要做追蹤調查，公司就有機會得到確切的回饋。報到過程就是讓新員工感覺受歡迎並提高工作效率，培養他們的敬業度。這部分需要費點精力，但收益非常大。

☹問題：

我們每個部門都有責任設定部門目標和團隊目標。我想確保這些目標是有意義的，在增加公司價值的同時，還能拓展員工的技能。我以前從未做過這項工作，應該從哪裡開始？

答案：理想情況下，公司目標應由高層確定，以便每個部門、管理者和員工了解公司在未來一年內計畫完成的工作，而部門和個人目標也隨之形成。目標是幫助公司專注於重要事項，並使每個人都朝著同一個方向前進，有助於提高員工參與度，因為員工想知道公司對他們的期望。

那麼，應該從哪裡著手呢？邀請員工參與目標設定的過程。換句話說，和他們一起制定目標，而不是為他們設定目標。如果他們參與目標的制定過程，要達成這些目標的可能性就會大大提高，就無須你來迫使他們去完成。首先與你的員工分享公司目標和部門目標，留出時間讓他們思考並為自己制定兩三個目標。同時，你應該為每個員工制定一到兩個目標。

你可能聽過SMART目標設定過程。它已經存在很長時間，而且現在仍然實用有效。SMART的目標是：

- 明確性（Specific）：目標是什麼？表述應具體簡潔。
- 衡量性（Measurable）：如何衡量成功？是否採用了某些衡量指標？
- 可完成性（Achievable）：目標是否切合實際？沒有什麼比無法實現的目標更令人失望了。

- 實際性（Relevant）：目標是否能促進公司發展？
- 時限性（Time-bound）：需要何時完成目標？有沒有時間限制？

你應該設定多少個目標？這些目標必須是有意義可完成的，但不能太多，不要讓員工不堪重負。目標數量保持在三到五個之間。試著制定個人目標或特定於某個員工的目標，例如完成某堂課程或學位、參加一個課程，鼓勵終身學習，讓員工能獲得額外技能，提高員工貢獻度。

😐問題：

我的公司發展迅速，經常改變工作重點，這讓我們團隊備受壓力。我身為管理者，該怎樣做才能減輕團隊的壓力？

答案：我很高興你意識到工作環境對你的團隊和你所帶來的巨大壓力。此外，你的團隊正努力在工作需求與生活需求間找到平衡。你可能無法改變工作重點會有變化的這個現狀，那麼你可以做什麼呢？

第一步就是承認員工的工作重點與公司的重點有矛盾。首先召集大家並讓他們知道這個事實，儘管你明白他們有很多事情要做，但大家應該也要達成公司的重點目標。讓他們知道你會竭盡全力幫助他們確定工作的優先順序，並且你會為他們提供援助。當然，這意味著你需要找到緩解壓力的方法，以便協助員工。

以下是能減輕壓力並保持高效率工作的建議：

- 鼓勵員工在白天適度休息。即使是一分鐘的深呼吸也可以減輕壓力和焦慮。
- 運動是減輕壓力的重要方法。做做伸展動作或出去散散步，呼吸新鮮空氣可以令人振奮。
- 提醒員工良好的睡眠和運動的重要性。如果你有閒置的辦公室，可以考慮把這個空間當成員工充電之處，讓他們能在那裡冥想或尋求安靜。
- 在辦公室裡吃一些健康的零食，鼓勵大家養成良好的飲食習慣。請他們考慮自帶午餐，而不是天天訂披薩或各種沙拉和水果。
- 盡可能彈性安排時間，以便員工有時間處理個人事務。這會使員工感到安心。
- 認可並獎勵員工的成就。在壓力大的時候讓員工保持積極非常重要。

希望這些建議有助於緩解你的員工所承受的壓力，讓他們順利完成任務。同時別忘了照顧好你自己！

☹問題：

在談論薪資時，通常會詢問面試者上一份工作的薪資狀況。我在新聞中看到，有些地方已經明令禁止這種做法。但如果沒有這些訊息，我要如何知道能為他提供什麼？

答案： 聰明的雇主會知道，詢問面試者上一份工作的薪資會導致一些人無法得到公平的薪資待遇。

因為他們之前的雇主給的薪資不一定公平合理，所以僅詢問他們上一份工作的內容是不可取的。你按照他曾經的標準核發薪資，可是如果那個雇主原本就給女性的薪資偏低怎麼辦？

當然，還有一種更好的方法：確定你的公司和市場的價值，這才是最重要的。你想支付公平的薪資以爭取最優秀的人才，就意味著必須做調查。有一些很簡單的方法可以做到：

- 調查所在地區的平均薪資水準。如果你也分享公司的薪資資料（並且這些資料不會標示出公司名稱），那麼有許多薪資調查會是免費的，而且它們包含的資訊能確保你在招募類似職位時有競爭力。你可以諮詢公司所屬的產業公會或當地的人力資源公司，這能幫助你做調查。你公司的人力資源部門可能會在該方面提供你建議。
- 查看網路提供的公開資訊，了解不同工作的價值。請注意，你的求職者同樣會留意這些訊息。

一旦你從調查中確定了市場上的工作價值，你還需要確保內部公平性——這份薪資是否適合從事類似工作的其他員工。內部公平很重要，因為如果新員工的薪資高於資深員工，就會出現問題。

最後的薪資當然要根據你的預算來確定，但是無論是新員工還是現有員工，低薪都是不可取的。如果一個員工感覺被低估了，那麼你就看不到他最好的表現，而且你會面臨失去他的危險。

重視你的整體薪酬回報。你是否提供了豐厚的福利待遇，或制定了高度彈性的時間安排？這些可能會彌補薪資低的問題，但一定要確保你的整個獎勵計畫具有競爭力。

最重要的一點：不要問員工的過往薪資。要依據一個工作對公司的價值來支付薪資，提供員工可以接受的工作機會，讓員工感覺受到重視。

☺**問題：**

我知道模稜兩可會與問責制衝突並導致混亂局面。有哪些好方法可以預先說明團隊的期望嗎？

答案：很高興你能意識到「許多工作場所的衝突核心是期望不明確」。如果人們不了解他們的公司、管理者或團隊的期望，就可能會導致混亂和衝突。有一個很好的機會可以提前定調：從求職面試開始，再到工作關係的進展——角色、工作職責以及成功的角色應該是什麼樣子。儘早讓員工了解公司文化，讓他們知道「這些是我們的價值觀，這些是反映我們價值觀的行為，我們對與我們價值觀相悖的行為零容忍」。作為管理者，你仍舊有機會在員工會議或個別會議中強化對員工的期望。除了了解員工的工作需求，還可以解釋明確的期望：

- 該工作對公司的目標和價值觀的重要性。
- 為什麼這個工作很重要——它是如何為公司的其他工作提供支援與協助。
- 良好的工作績效代表什麼——成功的產出和結果。
- 良好的績效對其他人、公司及利益相關者的影響。以下是一些可以幫助設定和說明期望的話語：

「你的工作就是要和部門以及公司的目標配合。」
「讓我們回顧一下你工作中的一些任務。」
「如果你對自己的工作存在疑惑，請儘快告知我，以便我及時向你解釋。」
「如果你不明白為什麼我如此要求，請一定要問我。」
「承認你不知道的東西是沒有關係的。」

☺問題：

我認為自己是一個積極主動的人，作為一名新任管理者，我知道激勵團隊是我最重要的任務之一。但是我不確定如何激勵他人，我該如何著手呢？

答案：激勵他人是你現在最具挑戰性的職責之一。如果你會自我激勵，那麼你就很有優勢。優秀的管理者會展現自己對工作的熱情來塑造榜樣形象，當然這是要讓團隊成員能真誠地欣賞你。

積極源於明確定義和分享公司的願景及使命。請務必注意：

- 你是否為每位員工設定了目標？
- 你知道如何激勵每位員工嗎？
- 是否每位員工都了解自己的角色，以及他們的工作如何和公司使命配合？
- 你是否對需要完成的工作有明確期望？
- 你的員工是否需要對目標的達成負責？
- 你會獎勵表現出色的員工嗎？

你管理的每個人的動力來源都不同，有些人因金錢而提高積極度，有些人因受到尊重而充滿動力，有些人希望得到認可，而有些人可能會因為在這個世界上或他們的領域中有所作為而鬥志高昂。如果你不知道每個人的動力來源是什麼，可以問以下問題：

- 你最喜歡什麼樣的工作？
- 你喜歡獨自工作還是團隊合作？
- 在這個專案或這個部門你想學什麼？
- 我怎樣才能幫助你獲得最大的成功？

現今員工都需要了解自己的工作價值，因此管理者應該花時間告訴每位員工：他們的工作為公司帶來的價值。有時他們的工作價值很明顯，如果他們負責為公司創造收入，他們會很清楚知道自己工作的重要性。但是其他時候就不那麼明顯，你必須以不同的方式向他們解釋。例如，行政助理可能需要你的協助才能看到他們自己的工作價值，當你成功地讓他們知道這些後，你可能就會看到一些更積極的員工。

請記住，積極度高的員工希望與其他表現優秀的員工合作，這表示你必須要小心，不要忽視一個拖累團隊內其他成員且表現不佳的人。如果在公司裡表現最好的人之中，必須有一個人為表現不佳的人善後，而你卻沒有對表現不佳的人採取任何措施，那麼你會失去表現出色的員工！

留心員工職涯發展的過程。有時候，激勵會隨工作時間發生改變，這是員工發展變得越來越重要的階段。也許可以將長期雇員分配到一個特別的工作團隊，或鼓勵他接受新任務來提高工作積極度。

激勵員工是領導者的重要職責之一，這十分具有挑戰性，因此當你培養管理技能時，要密切注意你的員工，當他們動力不足時，可以適當介入並幫助他們恢復工作熱情。

😐**問題：**

我明白員工都希望他們的工作得到肯定。我發薪水給他們並提供好的福利還不夠嗎？我還應該做什麼？

答案：是的，這還不夠。你的員工希望知道自己工作的重要性，而你最重要的職責之一就是要肯定他們的成果。

「員工認同」就是承認員工做的事情超出了他們的工作範圍，或是他們提出的想法或建議對公司業務產生了廣泛影響。有時我們談論獎勵和肯定，好像它們是同一個東西，但其實不是的，獎勵是有形的，例如獎金或禮物，而肯定是無形的。

「肯定員工的良好表現」應該是你作為管理者所做的最簡單、最愉快的事情之一。有什麼比認同員工做得好更有趣？你應該要常常這樣做，因為所有員工都想得到肯定，所以讚賞他們的表現是所有公司成功的關鍵。

讚賞是提高士氣和激勵員工的好方法。首先，確定你怎麼做對員工有效。管理者通常認為自己知道員工想要什麼，但往往他們是錯的，管理者應該詢問員工什麼可以提高他們的積極度。

幾乎對於每個人來說，效益最高且最有價值的讚賞，就是在完成特定工作、某個專案或「超額」工作時得到一句簡單的「謝謝」。這聽起來很簡單，但令人驚訝的是，很少有管理者能有效使用這個簡單有力的詞語。另外，請考慮如何、何時向員工表達讚賞。很難相信，有些人不喜歡在公開場合受到讚揚，他們寧願你私下表達對他們工作的認可。不要在公開場合讓他們感到尷尬，並且一定要及時表達感謝。

除了說「謝謝」，你還能做些什麼來表現出你對他們良好表現的認可？以下提供一些想法：

- 親手寫封感謝信。
- CEO或其他高階主管致函表達對員工完成工作的讚賞肯定。
- 在全體會議上表達對其工作的認可。
- 將其分配到明顯十分重要的團隊或小組。
- 在員工群組中表達對他的認可。
- 因為他的工作傑出，同事們送他手寫明信片。

真誠地說句「謝謝」可能是員工最需要的肯定！卓越的表現得到認可，是讓員工知道自己受到重視的可行之舉。

😐 問題：除了對員工的出色表現表示肯定，我們還應該用現金等有形的東西獎勵他們嗎？

答案：是的，讚賞很重要，當他們做了值得肯定的事情時，你應該對你的員工表達感謝。獎勵是一個很好的激勵方式，獎勵員工是公司肯定他們的表現。讚賞是無形的，而獎勵是有形的。

如果你想在公司中進行獎勵計畫，請和你的上司一起制定全公司適用的計畫。你需要上司支持這個計畫並為此提供資助！為了鼓勵你的上司支持獎勵計畫，請提醒他們獎勵和激勵員工對吸引以及留住頂尖人才的重要性。告訴他們公司營業額是多少，當涉及金錢時，大多數領導者會迅速作出反應。

諮詢你的專業團隊或親自進行調查，看看與你公司規模一樣、處於同一地區的那些公司都採取哪些有效措施。Google或臉書等成功的大型公司為員工所做的事情很有意思，雖然你可能無法複製，但他們可能會激發你想出可行的方法。

除了現金，還有很多方法可以獎勵員工。在一些公司中，受肯定的員工會與

CEO共進午餐，這種互動可能會催生出很多想法（也有可能變成「批評大會」）。如果你選擇這種方式，要考慮你的CEO或上司的個性：他們是那種想要了解員工的人，還是會因擁有權力而威嚇對方的人？你可以考慮讓人力資源總監陪同。

許多公司仍然會根據年資獎勵員工，這是承認個人貢獻非常有效的方式。然而，現今人們比過去更頻繁地換工作，年資的長度並不重要。有些公司有安全獎勵，獎勵員工達到長時間沒發生意外或安全違規。雖然這些獎項很棒，但可以考慮更多個性化的獎勵——會對受獎者和公司產生重大影響的獎勵。

如果你正在制定獎勵計畫，請記住：人們希望能夠有所選擇，並在個人生活中有所用處。你不一定要獎勵奢侈品，但可以考慮採用線上或在清單中選擇禮品的方式，這樣員工就可以選擇自己或家人用得到的東西，如果這個獎勵對他們有意義，每次他們使用自己所選擇的物品時，就會記起這是公司對他們完成超過職責範圍工作的肯定。

獎勵員工是提高員工士氣和激勵員工的好方法，但無論你選擇何種方式，都要確保你的獎勵計畫適用於你的組織。

😐問題：

我一直認為人們應該在一個公司至少工作五年而不是一直跳槽。我發現現在員工換工作的次數比我以前多很多。如何看出員工對雇主的忠誠度？判斷服務年限的新標準是什麼？

答案：過去求職者會因在短時間內頻繁換工作而受到處罰，這種恥辱感如今似乎有所減輕。人們在同一家公司度過職業生涯的時代似乎已經一去不復返。今天的員工希望培養並發展自己的技能，如果這意味著需要經常換工作，那就換吧。

也許你是一個負責招募的管理者，當你看到可能是跳槽的應徵者時，常常會拒絕他們，會認為那些人是「瑕疵品」，不善於與他人合作，或者對現在的工作會不忠誠。

現在看來，每隔幾年就換一次工作是常態——尤其是千禧世代。這代的人們認為，換工作對他們的職業生涯有益，許多老一輩人也都認同這一點。美國權威薪資收入調查機構最近的一項調查發現，只有百分之十三的千禧世代（大約在一九八一年到一九九七年間出生的人）認為在同一家公司應該至少要工作五年，而有百分之四十一的嬰兒潮世代認為，人們至少應該工作這麼長時間。

人們出於各種原因離開工作職位，其中很多人認為提高薪資是他們的動力，其他人離開是為了在工作中得到更多成就感，或讓工作和生活得到更好的平衡。

現今員工跳槽的另一個主要原因是：尋求發展自己技能的機會。若人們真切地希望有所進步，而他們當前的公司不能提供他們需要的機會，他們就會採取行動來獲得發展。

因此，如果人們沒有像以前那樣在同一間公司工作較長時間，你就需要在審核履歷表時調整標準。當你發現求職者從一個職位轉換到另一個不同的職位時，請評估這是否有利於他們的職涯發展。如果求職者符合你對工作要求的大多數資格，可以進行電話面試並了解一下他們經常換工作的原因。他們的理由可能會出乎你的意料。

他們可能已經具備每個職位的寶貴技能，若此時他們還留在第一份工作，就永遠無法發展。而他們的技能和能力，可能正是你提高部門工作效率或迎接新挑戰需要的。

因此，當你希望求職者的任期更長時，請思考一個事實：在工作中待更長時間，可能無法反映求職者的潛力。最佳的求職者可能會是那些從工作中獲得新技能而因此受益的人。不要因為他們換過很多工作就拒絕他們。你可能會發現，由於他們做過很多不同的工作，所以對你的團隊更有價值！

☹ **問題：**

公司有一個職位空缺，但我們是一個小型公司，所以我需要自己做招募。我在我們網站上發布了這份職缺後收到很多履歷，可以告訴我招募過程的下一步是什麼嗎？

答案：在發布招募之前，你可以列出職位要求清單，用來篩選你收到的履歷。先瀏覽一下每份履歷，看看應徵者是否符合你的要求。想遇見完美的求職者很難，但是你可以依據他們與職缺的匹配程度來考慮。

將候選人名單縮小到十位，這樣就有一個便於管理的名單來幫助你繼續進行下去。現在你要查看履歷表的內容，看看是否有準確反映出他們的技能和能力。可惜的是，根據凱業必達網（CareerBuilder，美國最大招聘網站）統計，百分之七十五的人力資源管理者發現履歷與事實不符，所以你需要採取下一步措施：與面試者交談。

透過電子郵件聯繫每位面試者，以便確認篩選面試時間。大多數公司仍然透過電話進行面試篩選，並且用Skype、Google Hangouts、Zoom、Facetime或其他平台進行篩選，這種趨勢越來越明顯。還有一種趨勢是要求求職者自己錄影，回答你在篩選面試中提出的問題。

使用影片的優勢是，不止一個人可以聽到應徵者的回覆。當你進行Skype面試或與公司中的其他人分享影片時，他們就如同與你一同進行面試。但使用這些技術的缺點是，一些應徵者可能會覺得不舒服或不容易操作。在這種情況下，手機螢幕的效果就好很多。

在篩選面試中，你需要確認履歷上的資訊並詢問開放式問題，例如：

- 「你為什麼現在找工作？」
- 「我們的職缺是如何吸引到你的？」
- 「你何時可以開始上班？」
- 「請簡單描述你上一個或目前的工作職務。」
- 「你期望的薪資範圍是多少？」

篩選面試結束時，感謝應徵者並讓他們知道何時會有面試結果。例如，「我們將在下週進行面試，會在十五日前決定邀請誰參加現場面試。當然，這是基於公司要求。我承諾將在整個過程中隨時通知你。」盡量讓面試者知道程序，讓他們對你的公司有好印象，即使之後他們無法參加現場面試。

請務必閱讀接下來的兩個問題，其中包含面試求職者的補充訊息。

☹問題：

我在小公司擔任重要職務。在進行面試篩選之後，我將面試者資格縮小到前三名，現在我需要逐一面試。在我見到他們時，我應該自己面試還是請其他部門負責人和我一起面試？

答案：我們的建議是：對每位面試者進行單獨面試。對於面試者來說，一對一面試不會太緊張，可以採用簡單的對話形式進行。若面試者同時面對多人，所有人都會問他們問題，這會讓他們十分緊張。

雖然單獨訪談需要額外時間，還需要特別協調，但從中得到的訊息十分有價值。

美國聯邦政府等組織，幾乎只使用一般所說的「小組面試」，即求職者一次面對多個人，每個人輪流提問。進行小組面試有幾個好處：節省時間，更容易安排，所有決策者能同時聽到相同的資訊。

因此，由你決定哪種形式更適合你的公司，但無論如何，請協調好每位面試官要問的問題，因為若面試官提出相同的問題，沒有什麼比這更容易讓應徵者失望了。你必須讓每位參與面試的人聚焦在工作的不同部分或所需的不同技能。

如果你選擇小組面試，面試前一定要知會面試者，告知他們小組成員的姓名和頭銜。如果你要求同事進行單獨面試，那麼盡量安排在同一天。然後，寄發日程表給應徵者，當中要包含面試官姓名和職務。不要忘記安排恰當的休息時間，特別當面試需要持續一天的時候。如果確定了人選，可以安排他和之後的部門同事共進午餐。這是沒有參與面試的人了解新同事的好機會。

無論你使用哪種形式，都要提前準備問題——要有開放性並適用於該職缺。有一個簡單的公式可以幫助你準備好的面試問題：

- 說一下當你＿＿＿＿＿的時候。

- 舉一個你面對＿＿＿的例子。
- 告訴我一些關於＿＿＿。
- 為我描述一下＿＿＿。

一旦你提出開放式問題，就可以透過以下問題獲得更多資訊：

- 你是怎麼做到的？
- 你用這件事做了什麼？
- 你從這次經歷中學到了什麼？
- 告訴我更多關於＿＿＿的事情。
- 怎麼會這樣？

接著與其他面試官見面，了解他們心目中的最佳人選。查看最佳候選人的資料，如果沒有其他問題就可以錄用他。最佳應徵者接受面試邀請後，不要忘記給其他面試過的人寄一封措辭得體的信，通知他們面試結果。

😐 問題：我努力建立一個優秀的團隊，團隊成員合作融洽，但我知道團隊中表現最佳的人很容易受到競爭對手的挖角。為了留住優秀員工，我應該做些什麼？

答案：當你在思考如何維持團隊優秀時，請問自己以下問題：

- **他們知道我對他們有多重視嗎？**這往往被稱為「重新招募團隊中的優秀員工」。想想你最初是做了什麼，讓他們對你的公司和你個人產生興趣，你應該再次做這樣的事情。依據他們為團隊創造的價值給予薪資，讓他們知道你致力於提高他們的技能。
- **我是否了解每個人的職業目標？**當你清楚他們的目標時，你就可以為他們提供培養技能的機會。優秀的員工渴望獲得各種經驗，例如輔導經驗，而你作為管理者可以幫助他們實現其職涯目標。
- **我是否為優秀員工提供了職涯發展機會，如輔導、參加會議、研討會或獲得學位？**投資你的優秀員工會激勵他們留在你身邊。特別是千禧世代的員工，想要學習和成長，所以一定要為他們提供發展機會。

- **我在讚賞他人的出色表現時，是否使用了有意義的方式？**有些人喜歡你當眾讚賞他的出色表現，但有一些人則喜歡你私下告訴他們。
- **我是否應該使用能激勵優秀員工留下來的方式獎勵他們？**為了做到這一點，你要真正了解他們，這樣獎勵才能適合每個人。對一些人來說，休息一天就是一個很大的獎勵，而一些人則寧願獲得獎金，還有些人更願意接受有挑戰性的新專案來培養自己的技能。獎勵員工有無數種方法，但絕不能「只有一種」。

當某人要辭職時，你可能需要對他進行離職懇談，你可以從這種溝通中獲得有價值的訊息，如果他已經離職，你就無法使用與他溝通得到的訊息來進行任何改變。因此，當他們還在公司時，你要嘗試與他們交談，可以稱為「持續面試」。問他們認為在你部門工作的優缺點分別是什麼。請他們告訴你，他們是否打算在不久的將來離開，你是否可以做點事情讓他們留下來的時間更長。讓他們談一談工作中最愉快的一天，他們的工作會有哪些改變，或對你這個管理者有哪些期待。你要準備好根據他們的想法採取行動。如果你無法採納他們的建議，請讓員工知道你為什麼不能這樣做，否則他們永遠不會再給你提出任何建議！

作為管理者，確保你的優秀員工知道你對他們的重視程度。對他們提供他們渴望的回饋，除了對他們表達肯定，還要盡可能獎勵他們，讓他們得到能培養自身技能的工作。一旦人們覺得自己正在學習和成長，他們就可能不會想到要跳槽。

☹問題：

我真的希望我的團隊進行更多創新。他們做得很好，但很少有新想法或對工作流程提出改進建議，我希望用新思考和新方法來達成我們的目標。要如何才能在「不對他們的工作表示不滿」的情況下鼓勵他們更具創造力？

答案：我喜歡你的「鼓勵創新」想法，但你的員工知道這是你想要的嗎？他們是否知道你樂於接納改善工作流程的新想法和建議？除非你告訴他們，否則他們不會積極分享自己的想法，所以一定要告訴他們：你歡迎他們提出寶貴意見。

當建議源源而來時，你一定要確保每一個建議你都認真思考過。如果無法採納某個建議，你就要告訴他們為什麼這個想法或建議行不通，以免他們重複提出某個建議。如果你不這樣做，就可能永遠不會再得到其他建議了！

提出新想法需要時間和精力。你要讓員工知道你重視他們的創造力，因此要感謝他們的想法並仔細考慮。請不要說：「我們在十年前嘗試過了，這沒有奏效。」即使你說的是事實，但十年後也發生了很多變化，這次也許會有效，因此不要立即否定一個想法，這會讓員工再也不想提出任何建議。

你要知道，很多人會一直重複做同樣的事，他們需要有人提醒才知道創造的重要性。你可以鼓勵員工去嘗試不同的工作，或者對他們的現有想法提出質疑從而改變工作流程。如果你希望他們能夠探索新想法，就要採取具體行動而非僅僅是口頭上鼓勵他們。

你可以在公司舉辦競賽來收集有創意的想法，這個方把可以一次得到許多好主意。你只需要向員工們宣布活動消息，規定提交想法的時間，給予最佳創意獎勵。組一個小組來評估這些想法，選出最佳創意並給予他們小小的獎勵，像是當地餐館的優惠券等。還有一種鼓勵創意的方法是設立「創新團隊」，讓員工盡情發揮想像！

還有一些公司會使用「建議箱」收集匿名意見。但是，這種方法不能確定最佳主意是誰提出，如此無法獎勵員工。而且，除非提出者自己站出來，否則你也無法知曉這個建議的更多細節。

如果你真的想讓員工更創新，請確保你的團隊有勇氣承擔風險。如果你的團隊不願意走出舒適圈且採取全新的做事方式，那麼無論你怎麼做，都無法得到你真正想要的東西。

鼓勵創新和創造力，讓人們能輕鬆舒適地提出新想法。適當地讚賞和獎勵他們的想法，讓他們知道你對他們提出的想法是否認同，但記住，並非所有人都希望得到公開讚賞。

😐 問題：

我想鼓勵員工繼續學習和成長。我能做什麼來幫他們意識到「不斷學習」的重要性？

答案：在現今的商業環境中，終身學習是經常聽到的一句話，這句話非常有道理。你可能已經意識到：無論職位多高，都必須擁有擴充的基礎知識和專業技能。在當今競爭激烈的世界中，無論是管理者還是員工，每個人都必須不斷提高自己的能力。

一些領導者認為，他們必須知道一切才能得到員工的尊重，但在這個不斷變化的世界中，這很難實現。你想讓員工怎麼做，就要以身作則。當團隊看到你不斷學習增進自己的技能時，他們之中總有些人會以你為榜樣，向你學習。

與員工分享你正在學習的知識。可以在會議上和員工們分享你最近發現的書籍、文章或其他資源。如果他們樂於接受，就讓大家讀一篇文章或觀看影片，並在下次會議上一起討論觀後感。這是一種讓員工樂於擴展新知識和新技能的簡單方法。

可以運用許多現有的科技方法來學習新知識，包括：

- 網路直播。
- Podcasts。
- YouTube影片。
- 網路文章。
- 音頻書籍。
- TED演講。

一些管理者會建立資源中心來提供員工們借閱書籍和文章。你還可以與其他管理者一起在公司內設立圖書庫。

鼓勵學習的另一個簡單辦法是，選擇一篇每個人都讀過的文章或一本書，在每週例會上和員工們一起談論文章主題，這是建立團隊知識庫的好方法，而且一起學習也能增強團隊凝聚力。

不要忽視磨課師（Massive Open Online Courses，MOOC／MOOCs；大規模開放式線上課程）的關鍵作用，這是頂尖大學以及Coursera、Udemy的線上課程。磨課師對員工是一種簡單合理的學習方式，可以讓他們在合適的時間從可靠的來源獲取知識。

導師制是鼓勵終身學習的另一種方式。在以前，指導者必須是年齡偏高、經驗豐富的員工，但現在只要你擁有別人不具備的知識或技能，就可以成為導師。你可以邀請公司內其他部門的員工或專家來分享他們的知識或技能，這不會花費任何成本。對你的團隊來說，導師制也是與公司中其他人合作、了解他們工作的好方法。

鼓勵成員終身學習還有很多其他方法。你不僅要培養他們的技能，還要讓你的公司在市場中獲得競爭優勢，這將成為你的最大成就之一。

😐 **問題：**

我希望更了解我的員工，同時鼓勵他們更了解新成員。但是我不想觸及他們的底線。我要如何才能得知更多關於他們工作上的訊息呢？你能給我一些建議嗎？

答案：很高興你意識到員工的底線且顧及它們。不幸的是，人們越來越不在意彼此的底線和個人隱私，這些無形的界線能幫管理者定義員工角色、管理工作中的人際關係。

了解與你一起工作的人十分重要，因此對彼此充滿好奇、探索差異和相似之處，這是很正常的。若你出於對某人的好奇與他進行交談，必須懷有真誠的態度，而不該看起來純粹是多管閒事。

交談時你可以先和對方分享有關自己的事。這樣做可能會暴露一些你的缺點，但同時也給予對方向你提問的機會。你可以用幾種方式來開始你們的對話，例如：

- 「我們年齡不同，所以我想更深入了解你，但我可以先和你分享一下我自己的經歷，分享一些影響我生活的事情。」

- 「我大部分童年時光都在一個大城市度過，有一些非常有趣的經歷。你有興趣聽聽嗎？」
- 「我們將花很長時間來完成這個專案，因此需要了解彼此的生活。我喜歡去戶外活動，你呢？」

不過請記住，有些員工可能不願意透露太多自己的事，尤其是對自己的管理者。沒關係，如果他們不願意，不要強迫他們。此外，不同的人有不同的溝通交流方式。外向的人性格直接坦率，願意和別人談論自己的生活背景和個人訊息，而內向的人可能不太願意與其他人分享這些。

但是有些事情不適合在工作場所討論，例如八卦或員工的私人問題（配偶或伴侶的事情、個人財務問題）。如果員工試圖向你透露這些訊息，你或許應該要把他們提交給公司的「員工協助方案」（EAP）或人力資源部門。如果你發現員工之間越過了彼此的底線，找機會提醒他們不要這樣做，這是對彼此的不尊重，你應該要在團隊中培養成員互相尊重的習慣！

☹問題：

我知道提供回饋給員工非常重要，我知道應該經常這麼做。我想確保自己提供的回饋是有用的。如何才能提供有效的回饋呢？

答案：你意識到員工需要回饋，這點非常好。如何向員工提供回饋，以及何時提供回饋，是績效管理的重點。提供回饋是管理團隊的強大動力，但想做到行之有效，就必須持續且頻繁地執行。員工會希望知道自己正在為團隊做出有價值的貢獻，這能激勵他們認真工作，並留住他們。透過有效回饋，他們還可以知道自己是否能做得更好。回饋是給予讚美和提供建議的有效手段。

事情發生後及時給予回饋，才能有具體成效。如果員工表現優秀，你發現之後要讓他們及時知道。這可以激勵他們再接再厲，促使他們表現得更加積極。相反，如果他們本來可以做得更好，也請立即坦率地告訴他們。不管是讚美還是建議，請讓他們知道：

- 你已意識到員工表現良好或表現不佳的行為，這要包括他們所有達成或未達成的目標。盡可能詳細並舉例說明。

- 他們的行為表現對公司或其他人有何影響，是積極影響還是消極影響。不要含糊其詞。
- 未來的發展方向需要作出改變還是繼續保持現狀，兩者分別會產生什麼後果。

一定要在積極的溝通氛圍中給予回饋，鼓勵員工與你進行積極交流。請記住，他們可能對自己的表現有些想法，這是了解他們的想法、改善可能存在的不足的好機會。

與團隊成員進行定期討論，這能讓你們彼此回饋。準備一些問題來幫助討論。例如你可以詢問每個團隊成員：

- 他們認為哪些措施行之有效，是可以繼續維持的？
- 他們認為哪些措施效果欠佳，需要做出改變？
- 為了提高工作效率，他們可以做些什麼，你又能做些什麼？
- 為解決上述問題，他們可以在短期內採取哪些具體行動？

- 你可以為員工提供哪些幫助。

提供回饋與解決問題一樣，員工參與是重要的一環，因此員工參與度越高，解決方案就越有效。如果在解決問題時，你只是一味地批評員工而不是給予合理建議，結果可能對每個人都不利。你要經常思考員工能從你的回饋中獲得什麼，確定他們可以做些具體的事情（例如，「我很感激你讓團隊了解專案的進度」）。最後，以平靜且理性的話語、語氣和肢體語言給予回饋，並確保你提供的訊息清楚明瞭。

😐問題：

我的團隊似乎對團隊目標不甚理解，這極度地影響了成員的合作能力。我能做什麼來增強團隊的凝聚力呢？

答案：團隊對大多數組織來說都十分重要，特別是當組織的目標過於複雜、無法由個人獨立完成時更是如此。因此，擁有高績效團隊十分關鍵，他們能夠清楚地了解任務目的、成員角色、個人責任以及行為價值觀等諸多問題。團隊在形成發展過程中通常會經歷不同的階段。當然，隨著情況的變化，例如新成員加入、舊成員離職或更換新主管等，這些階段也會發生變化甚至倒退。嘗試以下行為可以讓你的團隊重回正軌。

- 使命：團隊的使命或目標必須與公司目標保持一致。先獨自工作，再與公司中其他團隊合作，要求成員為團隊制定一個能反映公司使命的座右銘。由此讓團隊明白他們的使命。
- 角色：明確指出對團隊成功至關重要的事情由誰負責，減少混亂的可能性。讓每個成員分別寫下自己的職責，並與團隊中的其他成員分享。如果有人對其他同事的職責感到意外，不要大驚小怪。這是一個強化職責範圍的好機會。
- 行為：公司的內部行為呈現出它的價值觀，這些價值觀為整個公司提供方向。將你的員工團結在一起，讓他們製作工作規範（例如：所有團隊成員都要積極參與，不貶低他人，尊重所有意見，提供多種選擇，遵守截止日期）。讓他們分辨出哪些行為有助於高績效，哪些不利於高績效。

高效團隊的一個重要特徵是：全體成員和成員個人都要對結果負責。為了加強他們的問責，讓團隊一起討論相同的問題，並圍繞這些問題制定基本規則。團隊經常關注的一些問題有：

- 成員在小組會議中或面對面溝通時的情況如何。例如，如果有一個規則是成員不能打斷他人發言，然而打斷他人發言的情況時有發生，那麼應該如何處理？
- 如果任務因故未能按時完成會發生什麼事？例如，如何處理這些任務？應該通知誰或何時通知？
- 如何做出決定。例如，如果無法達成共識，那麼備案是什麼？
- 當發生衝突時，團隊該如何處理？團隊應該採取什麼措施防止衝突破壞成員間的關係？團隊是否將衝突視為創造力的潛在來源？
- 如果違反了保密協定，該如何處理？

如此看來，團隊需要由你這位管理者來推進問題的討論。一旦他們更清楚知道自己的目標，且能夠為團隊輕鬆工作，你就可以成為他們的催化劑。讓他們突破自己，超越現狀，獲得更大的成就！

☺問題：

怎樣才能滿足員工想要平衡工作和生活的需求？

答案：作為一名管理者，還有一個艱鉅的任務就是：在督促公司或部門工作效率的同時，仔細傾聽員工的心聲。一個高效的組織會認同這個事實：努力工作的人也有工作之外的生活，這種組織是有可能存在的。

科技對這個問題產生了積極與消極的影響。科技讓我們可以隨時隨地工作，這對員工來說可能是件好事，但也可能是件壞事。我們經常聽到有人抱怨，管理者在週末和晚上寄信給他們，這讓他們感覺自己要隨時待命，如果他們懈怠的話，可能會對自己的職業生涯帶來不良影響。

但是我們也知道，當人們沒有時間休息和放鬆時，可能會對健康、人際關係和整體幸福感產生嚴重影響。作為管理者，幫助員工在保持高效率的同時保持工作和生活的平衡，你可以這樣做：

- 提供彈性的工作安排。如果可能的話，讓員工每週在家工作一兩天。只要工作及時完成並符合你的要求，那麼當員工需要到公司工作時，就不要給他們太大壓力。

- 留意倦怠。留意員工的精神狀況、出勤率和與會情況。你是否注意到某個經常主動參加特別專案的人突然不主動了，這可能說明他已經不堪重負了。
- 斷開連結。允許你的員工在特定時間和週末不回覆郵件（除非是緊急情況，否則不要在這些時間寄發郵件！）
- 鼓勵人們休假。我們都聽過令人擔憂的報導，許多美國人不敢休假，因為他們擔心這會讓自己顯得沒有全心投入工作。每個人都需要休息來恢復精神，所以讓員工知道你想讓他們休息一段時間，你可以示範你想讓他們做什麼。好好休假，利用週末放空自己。當你遠離工作壓力時，你會驚訝地發現，自己是多麼的有創造力。
- 鼓勵健康的生活方式。在工作場所提供健康零食，鼓勵員工定期運動。一些公司對加入健康俱樂部的員工會有補助，有些公司則有「步行俱樂部」，就是讓員工在午休時間散步。
- 在工作時休息。即使是五分鐘的休息，都可以幫助員工集中注意力。

- 使用員工援助方案。帶他們去冥想或進行正念，這可以幫助他們把壓力保持在可控程度。

鼓勵工作和生活的平衡也是招募和留住員工的好方法，這對你同樣有好處。

☺問題：

作為管理者，在某些時候不得不解僱員工。在我解僱某人之前，應該考慮些什麼、做些什麼？

答案：你能意識到在管理生涯中可能不得不面對這種情況，而且希望為此做好準備，這點非常好。你的公司可能有關於員工行為和員工績效的規定。員工通常是因為未能滿足工作要求或履行工作職責而遭到解僱。這些規則詳細規定了員工未達到要求時應採取的措施。了解這些規定非常重要，如果你有任何疑問，請與人力資源或法務部討論，尋求他們的支持。

要保留有關員工績效和行為問題的書面記錄，這對於你的解僱決定是最有力的支持，如果其他人接替了你的職位，這份記錄可以發揮很大作用。有事情發生時要全程記錄，即使是小問題，也要記錄所有的非正式警告和建議。

無論何時，如果你與員工討論違反行為準則或績效未達標的問題，請務必記錄下來。記錄會議期間的事件概要，包括員工被告知的內容以及可能提出的任何異議。良好的文件紀錄以及與員工會談的準備要包括：

- **事實**。只使用真實、與工作相關的訊息，避免猜測。要準確描述其行為，包括訊息來源（例如你的觀察）。
- **目標**。詳細描述員工未能達到的業績和不良行為。用建設性的方式解釋。
- **解決方案**。描述提供給員工的任何幫助、培訓和指導，包括為幫助員工實現既定目標和改進所提供的任何具體建議。
- **行動**。清楚闡明你現在正在採取的步驟，以及如果目標沒有實現或行為沒有改善，你將繼續採取的步驟。

你的公司可能有一個解僱決策流程，由多個級別的管理層以及人力資源、法務人員進行審核和授權。在你提出解僱的意見之前，請檢查情況且考慮以下事項：

- 員工是否違反了公司規定或慣例？如果是的話，情節是否嚴重？
- 公司過去如何處理類似的違規行為？你的部門過去處理違規行為時是否符合公司慣例？
- 違規員工在這裡工作了多久？
- 員工過去是否涉及違規行為？
- 員工的歷史績效如何？
- 有可能減輕處罰嗎？
- 是否違反了需要採取具體行動的地區或國家法律？
- 如果員工提出騷擾或歧視的指控，是否已得到相關方面的徹底調查？所有的證據都查清了嗎？
- 你是否檢查了所有文件，並給員工改善行為或表現的機會？

希望你與員工之前的討論和諮詢能避免不良行為的發生，如果沒有，而且該員工的不良行為和表現仍然存在，你的文件和檢查紀錄將支持你作出決定，讓你解僱該員工。

結語

對所有管理者來說，管理團隊都是一項挑戰，但如果你有合適的員工，設定明確的期望，持續提供回饋，你的團隊應該能完成公司對他們的要求。留意生產力的下降，介入並激勵團隊盡可能做到最好，但也不要忽視他們的壓力。現今的員工要應對許多挑戰，因此要密切注意每個團隊成員，並在需要時做出改變。

Chapter 04 形成深度影響力：打造個人品牌

一旦你成為管理者，所有人的目光都會集中在你身上。除了要具備充足的知識和技能，你還要向團隊證明你是一個可靠、有能力且值得信賴的成功管理者。你如何展現自己，如何與成員溝通，以及如何行動都會反映出你是一個怎樣的管理者、一個怎樣的人。本章會討論管理者的自信心、可信度和正直的一些特質。

😐 **問題：**

我知道打造個人品牌很重要，希望你們能給我一些啟發。我該如何打造、經營並維護我的個人品牌呢？

答案：你的個人品牌十分重要。它能說明你是一個怎樣的人、一個怎樣的管理者。你應當不忘初心，誠信待人，這是你保護個人品牌至關重要的一點。當人們知道在任何情況下都可以依靠你行事時，你就會贏得信譽，得到他們的信任，同時，人們會認為依靠你可以成功完成工作並獲得不錯的成果。在你的個人生活和職業生涯中，請記住以下幾點：

- **永遠信守你的價值觀和原則——即你的信念體系。**雖然你可能與其他人擁有共同的價值觀，但你自己的價值觀對你來說仍然獨一無二。重視它們並將此作為你的指導原則。你做出的決定要能夠表明你的價值觀，你的所作所為不要與此相違背。

- **尋找與你有相同價值觀的人**。他們能讓你擁有最好的狀態，也能夠提供你合理且符合道德標準的建議。盡可能避免與那些沒有和你一樣有高標準的人合作，也絕不容忍以低標準行事的行為。不要讓別人違背你的價值觀。
- **始終保持自信，不要懷疑自己，樂於接受新的想法和意見**。保持開放的心態並不會削弱你的自信心，反之，它可以使你信心倍增。
- **必須尊重自己**。如果你不尊重自己，更不會尊重別人。絕不容忍不尊重你或不尊重其他任何人的行為。如果有不尊重的行為，要毫無保留地說出來。
- **尊重你周圍的人，包括你的團隊成員、同事和上司**。對於新任管理者來說，若要尊重團隊成員，就要準時參加會議，不要打斷別人的發言，在路上遇到其他成員時向他們打招呼。不要認為自己是管理者就在別人面前自恃甚高。如果你對某件事持有不同的想法，就毫無保留地說出來吧。如果你必須發洩情緒（我們都有控制不住自己的時候），盡量不要在公開場合，而且只能對那些願意包容你且不會對你失去信心的人這樣做。

- **始終以身作則**。這不是陳腔濫調，它是指導你行為的準則。你的所作所為都會被其他人看到，特別是你自己的團隊成員，他們的行為非常容易受你影響。
- **不要一味批判別人**。每個人都會犯錯，任何人都不例外。當有人犯錯時，盡量給予他們合理的建議，而非單純的批評指責。
- **永遠保持謹言慎行**。不要胡亂猜測或散布謠言。切勿在公共場所（例如餐館、酒吧或大眾運輸交通工具上）討論商業機密，因為你永遠不知道是否有人偷聽，抵達私人場所後再回電話給對方。
- **尊重並保守祕密，除非有必要，否則不要披露像是騷擾等可能對公司構成重大威脅的訊息**。如果情況並非如此，就遵守諾言，絕不向任何人透露相關訊息。誠信和尊重應該是你個人品牌的基石。始終把道德感放在最重要的位置上，努力打造自己的品牌，遵從優良品德。這在你的整個職業生涯中都至關重要。

😐 **問題：**

人們都說成為管理者是非常需要有勇氣的，我不知道這是什麼意思。作為管理者，**我該如何在工作場所表現出我的勇氣？**

答案：勇氣是管理者必須具備的一項品德。勇敢的管理者能夠贏得他人的信任，在別人失敗時獲得成功。一個勇敢的管理者不會處處妥協。當你認為同事或高階主管（像CEO等）即將犯下策略上的錯誤甚至觸犯法律時，毫無保留地指出他們的錯誤就是勇敢的表現。在工作上，勇氣就是當你知道公司朝著錯誤的方向前進且不願意改變時，會誠實地指出並制止這種狀況。

勇敢且禮貌地指出你認為錯誤或需要改進的地方。若你認為現有的選項不合適，就提出備選方案。有能力的領導者會經常和顧問聯繫，這些顧問能力強且不害怕說實話，尤其是當他們認為領導者決斷錯誤的時候。有些人相信自己的能力和專業知識，勇於說出自己的想法，能夠提出不同的觀點或解釋他們認為某些事情需要改變的原因，這些人就可以稱得上是勇敢、正直的人。

勇於面對你觀察到的錯誤行為，即使這超出你的職責範圍。如果你間接聽到了某種違規行為，請向公司的相關部門報告。不要害怕得罪人，因為這樣做可以幫助公司避免違反法律和陷入公共關係的風險。

勇敢的領導者不僅敢於直言不諱、堅持不同觀點，面對不利形勢和糟糕決定，他們還會提出可能不受歡迎的建議。他們把員工、團隊甚至公司的利益置於自己的利益之上，因為他們有遠見，看到了更長遠的結果，他們不會想「這對我有什麼好處」，甚至有時候不惜犧牲自己的利益。

勇敢的管理者會從團隊中徵求回饋意見。首先你要了解自己的員工，傾聽他們的意見，並在合理建議的基礎上採取行動。願意承認你並非無所不知，鼓勵員工提出想法、意見甚至批評，不要允許團隊成員過濾和隱瞞訊息，即使是壞消息。你不應該過濾來自團隊的任何訊息，除非它是機密或特別的資訊。

如果你保持開放的氛圍，讓每個人都可以暢所欲言，對你提供訊息和想法，或者徵求你的意見，你就會獲得尊重，顯示出你有領導團隊的勇氣。

😐 **問題：**

我想成為最好的管理者，你能和我分享一些方法或者資源嗎？

答案：你可能知道有很多相關書籍、網路研討會、Podcast、YouTube影片，還有很多關於如何成為最佳管理者的建議。以下是我們認為你能採取的最佳策略行動：

- **不要假裝自己知道所有答案**。太多的管理者認為，如果他們承認自己有所不知，就不會受到尊重，但事實恰恰相反。讓人們看到你是普通人，實際上會贏得團隊的尊重和忠誠。當你犯了錯誤時，做好道歉的準備，並為直屬員工的行為負責。
- **了解你管理的人**。充分了解他們，知道什麼能激勵他們努力工作，以及在工作中什麼對他們來說十分重要。對於一些不善於人際交往的人來說，這可能有些困難，但這是成為受人尊敬的管理者的關鍵一步。
- **做一名好的傾聽者**。把全部注意力集中在和你說話的人身上，抱著學習的心態去傾聽，而不是回應。你會驚訝地發現，傾聽可以從他人那裡獲得很多訊息，同時能幫他們建立自尊，這會使他們更加成功。
- **獎勵成功，從失敗中學習**。太多的管理者不去獎勵成功的員工或表揚他們出色的工作，而是一味地指出他們出的差錯。從正確或錯誤中學習是好的管理，當事情進展順利時會加以慶祝也是好的管理。
- **做積極的榜樣**。實踐公司價值觀，讓員工看到你堅信使命、支持良好的商業行為。員工願意為自己敬重的管理者工作，一旦你違背了公司的價值觀，你就會失去員工的尊重。

- **為所有員工提供發展機會**。不管一個人在公司裡的地位有多高，他們都可以進一步發展自己的技能，當然你也可以。你可以藉由提高自身技能來實現你對員工發展的承諾：成為一個終身學習者！
- **在公司內部或外部找一個能提供好建議和回饋的職涯導師**，當你尋找職涯導師時，鼓勵你的員工也去找自己的職涯導師。

遵循這些步驟可以幫助你成為一個更好的管理者，但是作為管理者你還要不斷學習其他技能。你可以在其他章節找到更多成為最好管理者的內容。

😐問題：

我聽說成功的管理者會像企業家一樣思考。如果這是真的，我該怎麼做呢？

答案：你的問題表現出你開始有了更開闊的思維。面對這個挑戰的好方法是：思考成為一名優秀企業家應具備的特質。這些特質如下（當然還有其他）：

- **遠見卓識**：這會讓他們發現機會並付諸行動。他們對細節有敏銳的洞察力，如果他們經營一家企業，他們也必須注意這些細節，而且他們能從微觀層面看到大局。作為管理者，在你的日常工作中，這可能意味著你要為團隊成員尋找機會（例如，發展機會，指派延展型任務）。這同時表示你要觀察新的程序和流程，也就是新的做事方式。
- **勇於承擔風險**：面對風險時，成功的企業家會經過深思熟慮再作出決定。他們著眼於承擔風險的成本和收益。例如，你正在考慮一個新流程，一旦實施後會獲得更高的效率嗎？效率的提高會導致裁員嗎？
- **堅定果斷**：一旦企業家權衡了利弊，他們就會作出決定並繼續前進。你將執行新流程，重新分配職責，給所有員工承擔新職責的機會，表示該部門現在可以承擔新的專案。
- **從不滿足**：企業家從不滿足於現狀。他們總是從過去的錯誤和成功中吸取經驗和教訓，不斷改進。執行新流程的成功之處是什麼？這一流程可複製嗎？如果是你，你有別的方法嗎？你會在什麼時候分析新流程的有效性並做必要的調整？這些都是企業家要問的問題。

● **堅韌頑強**：如果遇到困難，企業家不會氣餒或離開。他們會堅持不懈，尋找一切能使情況好轉的方法，不願意輕易放棄。即使新流程的運作方式與你想像的不同，也不要放棄它。相反，你要尋找原因並徵求改進的意見。

● **充滿好奇**：企業家不驕傲自滿且十分頑強的原因，在於他們具備好奇心。他們希望更了解周圍發生的事情，善於探索新事物。他們喜歡透過提問獲取更多訊息。作為管理者，你對員工以及他們做事的方式和原因越好奇，你學到的東西越多。

企業家會清楚地描述他們的願景，一旦開始行動，就沒有任何含糊之處。他們朝著自己的目標努力，即使是學習和探索，他們也是有意識地去做。他們非常善於培養人際關係，會尋找可以與自己建立關係的人和群體。由於他們具備好奇心，他們可以獲得有趣且有用的資訊，並與他人建立良好關係。

☺ 問題：

我對團隊中流傳的無數謠言感到非常驚訝，其中大多數都不是真實的。對於聽

到的八卦，我不知道如何解決。我想忽略它們，等它們慢慢消失。對此我應該採取一些行動嗎？

答案：謠言無益於工作場所，任其發展可能會有損你的個人信譽。採取行動是正確的，作為一名管理者，你應該面對謠言，以事實來澄清，告訴員工誠信的重要性。你應該積極面對而不是希望謠言自行停止擴散。你可以在員工會議上破除謠言，這不僅讓每個人都有提問的機會，還讓你的團隊知道你重視開放且符合事實的溝通。

作為管理者，建立和維護你的個人誠信對成功至關重要。為營造良好的工作環境，你可以做以下事情：

- **公平且尊重地對待每個人**。例如，當其他人與你交談或有人在會議中發言的時候，注視並傾聽來表現出你對他們的尊重。除非是緊急情況，否則請全神貫注，不要閱讀電子郵件，不要接聽或撥打電話。
- **言出必行，樹立一個好榜樣**。行勝於言確是真理。你的團隊時刻關注著你，所以在工作中要有專業度，尊重他人。行動要有目的性，用詞要明智。

- **謹慎行事**。除了避免八卦之外，盡可能地保守秘密。如果有人想要偷偷地告訴你一些事情，請讓他們知道，如果他們告訴你的內容會威脅到公司或其他人，你會告知需要知道此事的人員。但是，如果情況並非如此，請信守諾言。不要與其他管理者或團隊成員討論你的員工（例如，不道德行為或紀律相關的問題）。
- **不要貶低他人**。無論你對公司中的某些事或某些人有多麼失望，都要謹慎表達你的想法。不要抨擊同事、團隊成員或上司。如果你需要發洩，請找一個值得信賴的人，當然他最好不是公司裡的人。如果你不同意某個方法，請透過積極的對話告訴上司。如果你對某人感到失望，請與他們面對面溝通並讓他們知道原因。

😐 **問題：**

我希望今年得到晉升。我該怎麼做才能為職涯發展定位？

答案：在你開始考慮晉升之前，請確保做好現在的工作。當你專注於下一個職業生涯時，很容易沾沾自喜，但如果你在目前的工作中表現不佳，你就永遠無法在公司中得到晉升。你要不斷地超越期望，當你希望承擔新職責或升職時，公司會因為你的出色表現而考慮你的要求。

一旦你確定自己的表現超出了預期，就主動完成其他任務，以便在公司中獲得存在感。你是否可以加入一個特別小組？你是否可以加入一個跨部門專案？如果你確實參加了一個特別小組或一個特殊專案，就要做好這裡的任務，同時好好完成目前在做的工作。

研究你想要的工作所需的經驗、知識、技能和教育，並制定計畫使自己能滿足要求。就工作要求而言，公司的人力資源部門應該能夠幫助你評估你的技能。

如果公司提供職涯發展網路研討會、Podcast、培訓計畫或任何其他獲取新知識的方式，請確保你充分利用了所有的這些資源。這是為你想要的工作尋找職涯導師的好時機，你可以透過與職涯導師互動的過程來獲得知識和經驗，或成為公司中其他人的職涯導師。運用教育補貼計畫（如果公司提供的話）來完成學位，或考取對期待的職位來說可能很重要的證書。

如果公司不提供員工發展機會，你仍然可以發展自己的技能。網路上有很多免費的研討會，例如YouTube和TED演講都提供免費的技能發展機會。多看可以增進知識的文章和書籍，讓自己更具優勢，為升職做好準備。

一旦你確定自己已經做好了充分的準備，就和上司談談，看看你是否有可能成為空缺職位的候選人。如果他告訴你，你還需要在某個特定領域獲得經驗或技能，就牢牢記住這一點，繼續努力。

☺問題：

公司最近經歷了一些波折，我覺得部分員工並沒有堅定地站在我們的陣營。我真的希望員工能夠信任我和公司。我可以做些什麼來建立這種信任？

答案：我希望在你公司中發生的事情不是太棘手，沒有經媒體報導，因為如果公司或管理者不遵循他們的價值觀或不履行他們的承諾，信任就會消失。

信任不是下達命令、作出要求就會有的，而是基於目標一致、行動統一，經過長時間培養才形成。重建信任更是十分艱鉅，卻對公司的成功至關重要，因為當信任不復存在時，生產力就會有所下降。

員工希望管理者能做到公開透明。他們想知道公司或部門發生了什麼，他們想知道好的事情，也想知道不好的和負面的。所以，首先要做到對你的團隊誠實。當然，有些事情是你作為管理者會知道但不適合與他人分享的，相信你會逐漸明白這一點。例如，如果正在討論裁員，你就不會想和員工討論這個問題，直到做出最後決定，而且你已受過訓練，知道該說什麼以及如何說。

建立信任的最佳方式就是傾聽。花時間了解每位同仁直接對你做的報告，認真聽他們提出的問題、做出的評論。當公司進行員工調查或衡量敬業度時，請密切注意結果，並在適當的時候採取行動。

言行一致是建立信任的好方法。你只有信守諾言，員工才會信任你。如果有時候你沒能兌現承諾，要讓你的團隊知道為什麼，並及時彌補。犯錯就勇敢承認。人們很難去相信一個不承認錯誤的人。對於那些不想讓別人知道「自己並非無所不知」的領導者來說，要他們承認錯誤是件十分痛苦的事。然而，沒有人無所不知，管理者也難免會犯錯，所以學習如何承認錯誤，真心說抱歉，這是建立信任的關鍵。

永遠不要在你員工面前說另一個員工的壞話！這絕對會摧毀你為建立信任所做的一切努力。

永遠不要要求員工去做你自己都不願意做的工作。事實上，與員工一起工作是建立信任的一個好方法，這樣他們就能看到你兌現自己的承諾。

永遠不要失去信用。讚賞團隊的出色表現，不僅能培養他們的技能和信心，還能培養他們對你的信任。有一點可能是眾所周知的，就是不要因為你沒做過的事而接受大家的稱讚，這對提升個人信譽毫無益處！

建立信任不能一蹴而就，這將貫穿你的整個管理職業生涯，這會是很有意義的事。

☺問題：

我的公司努力推崇「積極主動」，但即使有很好的規劃和規定，難免出現令人失望的工作表現。我可以做些什麼來降低發生這種狀況的機率？

答案：很明顯你已經意識到，作為一名管理者，你對公司的文化氛圍有很大的影響。就個人而言，你有很多事可以做，可以從自己工作中的行動、反應、說話和行為等方面著手。請記住，你的團隊成員以及其他人都在注意著你，因此，你採取的行動要始終保持一致、自重且堅定，展現對他人的尊重，明智地選擇自己要說的話。

- **不要取笑或戲弄他人，特別是不要說貶低他人的話語**。開玩笑和嘲笑是有區別的。儘管你可能會附和自己聽到的每一個笑話或評論，但一定要三思。
- **不要忽視評論**。你有責任確保事情不會變得更糟，所以尊重個人，並對做出評論的人解釋為什麼他說的笑話或評論是錯誤的（例如，「你可能只是想把這個笑話變得有趣，但它有貶低之意」）。
- **要面對你看到的歧視、騷擾或欺凌行為，並採取應對措施**。如果你收到有關此類行為的投訴，一定要有所行動。根據投訴的性質以及公司的規定採取行動。你可能需要對某個員工採取糾正措施，或通知公司法務部門和人力資源部門。
- **積極主動**。在會議上與員工討論所有的破壞行為類型，讓他們知道這種行為是不會被容忍的，例如，「寄發郵件或作出評論宣稱某個同事的某些行為不夠專業，應該立即停止這種做法」或「不能在工作場合說有關性行為的評論和笑話」。
- **單獨與員工或在員工會議上針對公司規定進行開誠布公的溝通**。傾聽他們的聲音，讓他們知道他們有權向你、向法務部門或人力資源部門投訴其遭受的騷擾和歧視，且不必擔心遭到報復。

- **鼓勵員工討論他們認為不符合工作的任何行為——即使不是歧視或騷擾行為。**如果不予以解決，即便少數不良行為也會產生巨大負面影響。讓他們知道他們有權向你、向法務部門或人力資源部門投訴其遭受的騷擾和歧視，且不必擔心遭到報復。
- **你應該確保公司實行的規定和協議確實在發揮作用。**如果你聽說事實並非如此，請讓你的高層主管知道，以利確定問題所在。

在發生破壞行為時，主動採取行動不僅能維護公司的積極文化，還能建立你的個人信譽。員工將對你和公司充滿信心，並因成為公司一員而感到驕傲。

😐 問題：

我們公司致力於打造一種能夠海納百川並尊重每個人的文化。我想讓我的團隊成員知道多樣化的重要。我希望選擇正確的措辭表達我的想法，不讓他人感到

反感，對此是否可以給我一些建議？

答案：你說得沒錯，話語很重要。你不僅要注意措辭還要注意說話的語氣。認真選擇措辭非常重要。

語言具有象徵性，代表符號（單字和語句）與它們所指的內容之間存在的相關連結。也就是說，根據人們要表達的想法和現有經歷，採用不同的用詞和語句對不同的人就有不同的含義。在現今多元化的工作環境中，溝通不僅複雜而且具有挑戰性！

在現在的工作環境裡，禮節正在發生重大變化，變得越來越隨意。在你公司中，無論年齡大小或職位高低，是否可以直呼人名？不管標準是什麼，讓新員工知道大家希望如何被稱呼。最簡單的解決辦法是問別人喜歡被叫什麼名字，或者喜歡別人怎麼稱呼他們，而不是讓新員工感到為難。

對於那些因為共同的經歷（公司內部的共同經歷）所產生的俚語、行話、縮寫，都要慎重使用，因為使用它們會讓新員工、外部顧問或供應商感覺自己是局外人。如果使用這些話語，請務必要做解釋，確保不會產生誤解。

避免使用可能會令人反感的詞彙和語句，而且你要注意的是：字詞和成語的可接受度是會發生變化的。使用中性詞或可比性用詞（例如：黑色或白色、紳士或女士、男人或女人），如果是類似於「男孩之夜」（Boys Night Out）的活動，那麼「女孩之夜」（Girls Night Out）是可以被接受的。但是如果將「我的女孩」（my girl）改說成是「你的女孩」（your girl），就令人難以接受。想像一下，如果將「我的孩子」改說是「你的孩子」，在工作場所中，不管這麼說是源自哪個族群的俚語，都很難讓人接受，即使是該族群的人使用也一樣。

不要使用具有標籤性質的言語。你通常不需要使用這樣的話語，除非你描述的是一個人的外貌。在這種情況下，你只是在陳述事實（約六英呎高、膚色黝黑、短鬍鬚、披肩長髮、藍色牛仔褲、紅色夾克等），這無可厚非。如果必須使用標籤，請先說這個人，然後再添加描述語。正如《美國身心障礙者法》之所以稱為Americans with Disabilities Act而不是Disabled Americans Act就是為了強調「人」（Americans）是為首的，所以將「殘疾」這個描述語放到後面。

溝通是在工作中與你的團隊、同事和管理者建立積極關係的重要途徑。因此，注意你的話語和說話方式，這會成為你們建立關係的良好開端。但是請記住，有時候你可能會說錯話，或者以錯誤的方式說出正確的話。如果發生這種情況，請不要自責。

你只需真誠地道歉，然後從錯誤中吸取教訓，繼續前進。

☹問題：

我理解言語的重要性，而且知道動作和肢體語言同等重要。對於多樣化和包容性的積極行為，我還能做些什麼？

答案：公平對待和包容所有員工勝過千言萬語。其實，在職場上很多人沒有享受到平等的待遇。例如，在會議中管理者不會諮詢所有人的意見，導致某些人無形中占據主導地位。又像是一位女員工的想法可能被忽視，但同一個想法隨後由男員工輕描淡寫一提就得到稱讚或接受。即使你沒有主持會議，也要注意並尊重在場的每個人，理解每個人所說的話。請記住，如果你發現有人想要發言而其他人占主導地位，你就可以稍加干預。

手勢和表情通常可以傳達豐富的訊息。翻白眼、傻笑、聽別人說話時雙手交叉、或開會時頻繁查看手錶和電子產品等，會傳達出你對某人的發言不感興趣。不要容忍團隊中的這種行為，因為這種行為會對團隊包容性和員工自尊心造成傷害，而使發言的員工感覺不被尊重。

多樣化是指許多類型的差異，例如內向和外向、年齡和背景等。請記住，公平對待每個人不等同於平等對待每個人。人是單獨的個體、獨特的，在特定情況下，對不同的人要做出不同的回應或以不同方式對待他們。對於管理者來說，這十分具有挑戰性，務必牢記於心。

觀察人們的反應。他們如何從對話中捕捉訊息？你可以藉由私人談話來理解個人偏好。有些人需要更多時間來處理訊息，也許在會議結束數小時後才會想出好主意，所以有必要讓所有人以書面方式表達自己的意見和想法。

對於員工好的想法、成就和貢獻，你應該公開表示讚賞。如果他們會感到尷尬，你一定要私下對他們表達感謝。因此你需要對他們有足夠的了解。最佳管理者會讓員工一直信任他，而且在必要時私下解決存在的問題，以避免演變為更大的麻煩。正如有句名言所說，「公開讚美，私下訓斥」。

其實，最好的稱讚方式就是傾聽，但傾聽也是最容易讓人們產生誤解的方式。注意你的傾聽習慣，有意識地認真傾聽他人的話語。不僅要有選擇地傾聽，而且要努力提高你的傾聽技巧。

尊重所有人是一件好事，這會表現在公司的獲利能力以及吸引和留住最優秀員工的能力上。如果員工感受到公司對自己的重視，他們對公司的貢獻就會與日俱增。

☹問題：

我知道傾聽對管理者來說十分重要。我正在努力改善自己的傾聽習慣、提高傾聽技能。對此你能再給我一些建議嗎？

答案：傾聽可能是最容易造成誤解的溝通方式，因為你需要有足夠專注力、足夠的耐心，但如果你有決心要提高自己的傾聽技巧，你一定可以做得很好。好的傾聽技巧不僅在工作中用處很大，而且有助於建立各種人際關係。

首先來看一下，在傾聽過程中你應該注意的事項。當對方正在發言時，你不應該一直等著何時輪到你講話。如果這是你的傾聽方式，那你可能沒有在聽對方說的話，因為你一心想著自己接下來要說什麼。

對大多數人來說，傾聽是一項艱鉅的工作，我們幾乎不會花時間去學習如何傾聽。好的傾聽者會有意識地去努力理解對方傳達的訊息，對說話者說的內容感興趣，並讓說話者知道他們正在認真傾聽。

如果你真的想成為一個更好的傾聽者，你可以練習「積極傾聽」。想要捕捉說話者試圖傳達的所有訊息，「積極傾聽」是最有效的方式：當說話者說話時，積極的傾聽者會透過點頭、與說話者保持目光接觸、抬起眉毛或微笑，藉此來鼓勵說話者分享更多訊息。這樣說話者就會知道，你不僅在聽而且希望了解更多資訊。但是你必須態度誠懇，否則發言者可能不會想繼續和你交談。

另一種積極的傾聽技巧是複述發言者的話（例如，「你說到部門需要積極回應員工的請求」），如果這不是說話者的意圖也沒關係，他們可以對內容進行澄清——這樣他們就會知道你有在傾聽。

當你努力提高傾聽技巧時，請思考一下是什麼阻礙了你，也許你被外界的聲音或其他人分散注意力。如果是這樣，詢問說話者是否可以轉移到更安靜的地方。當然也可能是時機不好，例如某事迫在眉睫，導致你無法集中注意力，此時詢問說話者是否可以延後討論，直到你可以全神貫注傾聽。還要思考一下可能妨礙理解的任何文化障礙或差異，也許說話者使用了你不理解的用詞或語句，那麼你就要請求說話者對此進行說明。

傾聽是一項非常重要的技能，我們可以學著用自己發言時所展現的活力和熱情來傾聽別人發言。這確實需要付出更多辛苦，需要保持專注力，不過回報是豐厚的。

😐 **問題：**

有人告訴我，管理者對於理解「非語言溝通」的準確度應該要提高。為什麼理解非語言溝通很重要，它如何幫助我與人交流？

答案：溝通指的不僅僅是有人說話時用耳朵傾聽，還包括說話時表達清楚，以及撰寫優秀的報告，它涉及其他人甚至是一群人。如果你不注意別人的態度，他們可能會說自己已經理解了，但他們的語氣、臉部表情或肢體語言可能傳達出不一樣的訊息。你必須能夠理解你覺察到的所有非語言線索。

非語言溝通很重要，因為它是以下幾項內容的指標：

- 你對他人的影響。
- 你是否將訊息傳達給他人，或是否了解他人所傳達的訊息。

- 其他人的情緒和情緒狀態。

特別是當你與某人進行對話或與他人見面時，觀察對方可以讓你感到舒服自在。當你和別人相處融洽時，你就能和他們建立關係，讓他們能跟隨你，此時就達到了同步溝通。

你究竟需要觀察什麼？

- 聲調：是溫暖、自然、有個性，還是生硬？
- 臉部表情：是翻白眼、咬牙、緊鎖眉頭，還是眼睛雪亮、笑容燦爛？
- 肢體語言：是僵硬、彆扭，還是輕鬆自在？他們是無精打采抑或是全神貫注？

在觀察他人的過程中，你將學會如何更深入地解讀他人的肢體語言、了解這個人的感受。你會變得更加善解人意。同理心很重要，因為對方可能不情願或無法好好表達自己的感受，特別是面對他們的管理者時。但是作為管理者，你的一項重要任務就是要了解並理解這些感受：

- 得知有新專案後，他們的表情是焦慮還是興奮？
- 對於即將一同合作的新團隊成員，他們是熱烈歡迎還是十分抗拒？
- 他們沒有與你眼神交流，是因為無視你還是因為他們在思考你說的話？

當然，如果你接收到的是消極的訊息（焦慮、憤怒或冷漠），那麼你有必要做進一步探究。如果你錯過了這些訊息，其他人或團隊可能因此陷入困境。這是了解團隊潛在問題的好機會。

溝通是雙向的。當你與某人溝通交流時，你有責任確保接收者收到了你要傳達的訊息，所以不要只是自顧自語，要充分表達自己。透過肢體語言和表情來表達你的想法。

作為管理者，不斷增進自己的理解和傳達非語言線索的能力，在評估他人、以及營造他人對你的印象上，你就會越有信心。如果你學會欣賞接收訊息的微妙之處，你就能更好地理解團隊中的每個成員——即每個人的能力，對你需要完成的工作做出正確的判斷。

☺問題：

大家都說，情緒智商和技術能力對職涯的成功一樣至關重要。你能解釋一下原因嗎？

答案：情緒對我們的人際關係有很大的影響，在很大程度上決定了工作是否能夠和諧高效。我們在工作上花費很多時間，所以會希望在工作期間大家都處於積極狀態。無論是積極情緒還是消極情緒，兩者都具有傳染力。例如，一個焦慮或憤怒的團隊成員向你尋求幫助，你會變得更加焦慮或生氣，影響你幫助他們解決問題的能力。

在工作場所上，人們通常希望大家不會感情用事，但感情和情緒是正常和自然的特徵，是無法擺脫的。重要的是，你要意識到它們，並且用建設性方式去表達它們。這就是情緒智商的用武之地。

情緒智商是一種情緒控管的能力：一個人能夠辨識自己的情緒，理解情緒產生的原因，並意識到自己的情緒會影響周遭的人。它還包括一個人對他人的感知，即理解他人的感受。具有高情緒智商的人會敏銳地意識到自己的情緒，不讓情緒控制自己的行為或失去對情緒的控制。他們會運用自己的情感（例如，追求卓越的心情），來達成積極的成果。高情緒智商的人不僅可以管理自己的情緒，還可以影響他人的情緒。他們善於感知，因此遇事會比較平靜，而不是非常生氣或焦慮，像是在令人緊張的情況下，他們就會表現得比較平靜。

如果你想提高自己的情緒智商，以下是一些注意事項：

- **注意你與其他人的互動，以及你做出的反應**。在你了解所有事實之前，你是否急於做出判斷？你是否意識到自己對某些人或事存在偏見？你是否歡迎並能接受不同的觀點和意見？
- **了解你在壓力大時的反應**。如果事情沒有按計畫進行，你會感到沮喪或責怪別人嗎？
- **注意你的行為對他人產生怎樣的影響，並將自己置身於他人所處的位置**，你會有什麼感受或做出怎樣的反應？你希望那樣嗎？

如果你發現自己與團隊成員、同事，甚至老闆關係緊張，以下的建議會有所幫助：

- 面對他人的任何情緒你都要保持冷靜。
- 不要讓他們激怒你。
- 理解他人。一個人可能會影響到你的情緒，但你不會經歷他的煩惱。
- 承認他們的情緒，但讓他們知道這對當前形勢或談話會產生影響。

高情緒智商的人一定是一個好的傾聽者（自我意識、自我調節、同理心），並且善於管理關係，這對於管理者和領導者來說是必不可少的特質。

😐**問題：我發現作為管理者需要寫更多電子郵件，我該怎麼做才能確保信件內容清楚有效？**

答案：今天大多數書面溝通都採用電子郵件的形式，你的員工和上司應該感謝你能意識到郵件的重要性。電子郵件缺乏互動，不像面對面談話或電話溝通那樣靈活，畢竟電子郵件沒有語氣和肢體語言等非語言線索。因此，在電子郵件中正確傳達訊息非常重要，你要根據具體情況選擇是否以郵件形式進行溝通。

在以下情況下可以使用電子郵件：

- 你的對象必須收到訊息。
- 很多人都需要收到該訊息。
- 你的對象距離你較遠。（電子郵件簡單且經濟實惠。）
- 需要儘快回覆，但不一定要立即作出回應。
- 需要時間編輯訊息內容。
- 需要記錄訊息。

以下的情況要避免使用電子郵件：

- 需要立即收到回覆。不是每個人都經常查看電子郵件，有些人會隔很久才去看一次。
- 書面無法準確傳達訊息。有時你需要透過談話傳遞訊息，避免誤解。
- 資訊內容敏感，例如壞消息或機密資料。

- 你正在生氣或情緒比較激動時。

此外，你還要遵守電子郵件的使用規範，包括有：

- 了解「收件人」和「副本」的區別。你發送電子郵件給越多人，任何一個單獨回覆或採取行動的人就越少。對於多個收件人，請將消息寄送給需要採取實際行動的人，副本（CC）給那些可能需要知道的人。
- 善用主旨，但不要在單個消息中討論多個主題。主旨欄應呈現資訊的實質和重要性，如果它是空白的，則該郵件可能會被當作垃圾郵件處理掉。如果你需要討論多個主題，請個別分開成多封電子郵件寄送。
- 使用問候語和結束語，例如「Dear（名字）」和「Best Regards」，這表達出正式的基調，而且透過這些訊息可以傳達你的體貼和認真。
- 訊息內容一定簡明扼要。做到簡潔而不突兀，先說重點，然後提供必要的細節，要清楚你寫郵件的初衷。郵件段落應短小，語言要簡潔明瞭。如果訊息太長，可能會被忽略，你將收不到回覆或期望的回應。

- 注意你的語氣，因為在郵件中無法呈現出非語言線索，而且訊息可能會被誤解，所以越實事求是越好。
- 郵件應包含你的簽名檔和聯絡方式（電話號碼和地址），以便收件人可以選擇一種方式聯絡你，因為有些人可能更喜歡打電話而不是回郵件。
- 不要全部用大寫字母寫，這會使訊息沒有重點可言，讀起來也會比較困難。
- 在寄送之前讀一遍你寫的內容。有時手指移動速度比你的大腦慢，所以你要確保自己的訊息表述清楚。可以使用「拼字及文法檢查」檢查內容裡可能存在的錯誤。
- 最後請記住，你寄送的任何電子郵件都是業務往來，因此請將其視為商業交流。你和朋友之間的互動可能比較隨意，但這些是要寄發給員工、同事和管理者的，因此你會希望對方以專業的方式接收到你發出的郵件。

☹問題：

我剛晉升為管理者，我很擔心自己「不知道所有問題的答案」或「不知道如何為所有情況提供解決方案」。我不希望團隊和同事對我失去信心。對此你可以

給我一些建議嗎？

答案：沒有人喜歡無所不知的人，所以不要為此擔心。你之所以成為管理者，不是因為你知道所有問題的答案，而是因為你會做計畫和為公司工作，以及僱用合適的人來完成特定工作。不要害怕暴露你的弱點。

首先要認識並承認自己的不足。如果某個領域是你的弱項，而該領域對團隊來說至關重要，那麼一定要確保你的團隊中有擅長該領域的成員。不要害怕承認「這不是我特別擅長的事情」。這樣做不僅可以證明你的誠實，還可以表現出你有自信承認自己不是無所不能的。同時，這也表現出你對團隊專業度的讚賞。接下來，承認且接受這一點：自己不是對所有的事情都了解。在現今的商業環境中，變化無處不在、無時不在，你總會遇到新鮮事物。大膽承認你不是無所不知，勇於面對現實，問問別人的想法。你可以這樣說：

- 「我沒有類似的經驗，你有嗎？你之前是怎麼處理的？」
- 「我不知道如何處理這種情況，但我可以嘗試尋找解決的方法。也許我們可以一起努力來解決這個問題。」

- 「我不知道這個問題的解決方法，但我可以幫你聯絡知道如何處理這個問題的人。」

如果你不理解別人對你說的事情，千萬不要裝懂。一定要讓對方進行解釋，不要自己猜測。如果你僅憑猜測行事然後出錯，不僅會讓你看起來很愚蠢，而且還會損害你的可信度。

最後，承認自己所犯過的錯誤並從中吸取教訓，而且要和你的員工分享你的經驗。當你的團隊面臨到類似的困境時，他們會很高興聽到你說：「有段時間我遇到了類似情況，結果我搞砸了！」他們會感激你的坦率和你分享的經驗教訓，這樣他們就可以避免犯下類似的錯誤。

當錯誤發生時，無論是你犯的錯誤還是團隊成員犯的錯誤，你都要承擔責任，而且不要一味地指責他人。評估損失並提供解決方案，如果可以的話，和你的團隊一起努力彌補這個錯誤。對那些被錯誤影響的人致歉，讓他們知道你正在採取措施避免未來發生同樣的事情。最後，一定要採取措施確保錯誤不會再次發生。

不要浪費時間和精力試圖讓別人認為你是完美的，你也有不足之處，不能回答或解決每個問題，而且你同樣會犯錯。人無完人，勇於承認不足將提高你的可信度並贏得團隊、同事和上司的尊重。

結語

個人品牌是你事業成功的關鍵，你應該持續努力發展與提升它。個人品牌能讓人們知道「可以從你身上得到什麼」，例如，你是平易近人的、公平的、有道德的或果斷的。你和公司會因你的個人品牌而受到尊重，這也為你的團隊樹立了榜樣，因此沒有任何人或事可以對你的個人品牌產生負面影響！

Chapter

05 向上、向下以及平行管理：培養全局觀

公司管理的關鍵在於能夠掌握完成工作的流程。要做到這一點，你必須了解其他部門的工作內容、運作方式以及現行標準，在公司內建立合作關係。最後，要認識外部合作夥伴，這能幫助公司獲取成功。本章探討的內容讓你能夠更理解這些問題，達成有效管理。

😐問題：

我花了很多時間在回答有關員工福利、個人請假、休假請求、培訓機會、薪資、費用報表、旅行安排和購買新設備等問題。這讓我感到很沮喪，員工真的只希望知道這些問題的答案嗎？

答案：聽起來你的團隊成員希望你知道一切，難怪你會感到沮喪。其實一個好管理者不一定知道所有事情，而是知道「從哪裡獲取正確訊息」。

當然，任何管理者都應該了解公司的休假或事假規定。為了確保工作能夠完成，你不能讓所有人同時請假缺席。如果員工詢問公司的休假規定或福利計畫，你可以請他們詢問人力資源部門或查詢員工手冊。

若員工要求參加培訓，那他們可能是想和你談談自己的職涯發展問題，這肯定也是你期待的話題。你和員工都需要進一步諮詢人力資源部門，獲取可用資源來滿足員工發展的需求，這對你們來說都是很有價值的訊息，畢竟你最終是要批准團隊成員的培訓時間和預算，以及為此購買新設備的要求。雖然你負責制定預算，了解購買設備的所有程序，但購買設備時，你還需要與其他部門（例如資訊部門）進行協調。

有關薪資、費用報表或旅行安排的問題，應該直接轉交公司相關部門，由相關部門負責解答。有鑑於轉達的訊息可能會不清楚，或相關部門無法收到，許多公司都有內部網路，各部門可以透過內部網路了解其他部門的規定和流程。如果你公司有內部網路，請確保你的員工知道如何獲取所需訊息。

任何部門公布了新規定，你都要明確告知你的團隊成員。新規定通常會讓人產生很多疑問，因此請確保你有辦法整合這些問題並得到正確答案，在合理的時間點告知你的團隊。

😐 **問題：**

我知道我有責任管理團隊並鼓勵所有成員團結合作。我還意識到作為管理團隊

的一員，我必須與其他管理人員合作。對此你有什麼建議嗎？

答案：很高興你意識到自己是管理團隊的一員。與其他管理人員建立緊密的合作關係非常重要，因為沒有一個人或部門是獨立工作的。況且，在現今的公司中，成員之間或部門之間的工作都需要合作完成，不能單打獨鬥。

首先，你應該找到其他管理者，然後邀請他們提出具建設性的回饋意見，找出部門問題的關鍵所在。換句話說，公司內部同事對你所在部門的期望是什麼，他們從你的部門得到了什麼又失去了什麼。如果你是服務部門的管理者，了解其他部門對你們部門的期待和看法尤為重要。

收到回饋後，看一下他提出的期望是否切合實際。如果不切實際，一定要與他們好好溝通，說明為什麼不能這樣做，並說明你們可以達到怎樣一個更為合理的期望。為了提出有價值的建議，他們需要了解你們部門的實際情況。例如，你管理一個幕僚性質的部門，你往往是向高階管理層做彙報，你同時需要思考這是否有利於公司發展。對此，你可以與其他幕僚型部門的管理者進行溝通交流，聽聽他們的看法。

與同事一起探索共同的業務利益，商討如何更進一步支持彼此的工作，為對方帶來福利。如果你同意對方提出的行動方案，請制定計畫以及後續行動。然後，彼此為對方負責，確保完成這些專案。

如果你有急需解決的問題，要盡量與同事一起解決。如果你是公司的新人，甚至剛剛從事這份新工作，那麼請尊重你的同事，他們有很多關於公司制度的經驗可以與你分享，例如某些領域的實際經驗，以及你可以從哪裡找到相關策略和協議的附加資訊。若你們足夠信任彼此，他們可能會比你的管理者更加坦誠。

定期與同事見面，一起吃早餐或午餐——根據你們各自的時間安排。如果你是新進員工，盡可能地去了解其他部門，這對你尤其重要。這讓你有機會探索哪些部份可以幫助你建立關係，以及如何在此基礎上進行合作。不要只和同事談工作，你要知道在公司之外大家都有興趣愛好，你們可能有很多相同的個人愛好和商業興趣。談論這些能幫助你和他們建立信任以及友誼。

😐 問題：

在我的職業生涯中，有一個很優秀的職涯導師可以幫助我進入管理高層。我想制定正式的指導計畫，並得到高階管理層的支持。你能給我一些建議嗎？

答案：「經驗傳承」並在公司內提倡導師制，這是個不錯的選擇。導師制是開發員工潛力的好方法，既不需要花費太多（或任何）錢，又可以為個人和公司帶來可觀利益，包括你僱用有才能員工的能力。聰明的求職者會問，如果他們加入你的公司，是否會有職涯導師幫助他們提高工作效率。導師計畫的其他好處包括發展公司內部的關係，因為在指導其他部門的員工時可以建立溝通管道——通常能與幾乎從未合作過的人建立關係。

在設計導師計畫時，請思考以下事項：

- **目標**：計畫必須與公司的策略目標或特定發展目標相關，而且這種連結要十分明確。
- **領導者支持**：與其他計畫一樣，你需要獲得最高管理層的支持才能成功。這可能像要求CEO啟動計畫一樣簡單，也可能像爭取預算為職涯導師提供資源一樣複雜。
- **客製化**：計畫必須是為你的公司或部門量身訂做的。（不要抄襲別人的計畫。）
- **公司支持**：職涯導師應經過培訓並擁有需要的資源。一些公司會對職涯導師表示肯定或給予休假，用以補償他們超時指導員工。

- **選擇／匹配**：指導計畫需要確定誰有資格參加，如何選擇職涯導師，以及如何將員工與職涯導師進行匹配。並非所有人都有資格成為職涯導師。
- **時間週期**：確定這項計畫是開放性的，還是必須在一定時間內完成。
- **評估**：找一個合適的方法能用來衡量計畫有效性，以便你可以根據需求進行改善。

不要忘記考慮職涯導師應具備的素質：

- 在某個領域擁有你沒有的知識或技能的人。
- 善於傾聽的人。
- 對於開發他人技能真正感興趣的人。
- 值得信賴的人。

有些人認為職涯導師必須是具有豐富公司經驗的長期員工。實際上，職涯導師是指任何具有其他人沒有的知識或經驗的人。

最後，你需要注意的是，當員工與某位職涯導師聯繫並要求提供指導時，指導可以是自發和非正式的。即使你的正式指導計畫沒有按照你的預想實施，你也要常常鼓勵員工向職涯導師尋求指導，這能展現出你的熱情，有助於你對他人的專業指導！

☹問題：

我部門的人在當地一家大型商場看到了大量我們需要的設備，在那裡購買可以節省很多費用，但我們不得不和公司配合的供應商購買。我們想說服採購部門停止與公司指定的供應商合作，對此你是否可以給我一些建議？

答案：你們對公司的資金有成本概念十分令人欽佩，但要明白，一個公司不會輕易選擇更換供應商。這需要經過相當嚴格的篩選過程，如果你需要特定的產品和服務，你可以和採購部門合作。選擇供應商的過程通常包括以下步驟：

一、**進行調查**：在此階段進行廣泛調查，分析需求並確立目標。商品和服務的成本應包含在你的年度預算中，因此你還應該分析潛在成本。如果你是在審查服務，以確保優惠程度以及投資報酬率，那麼對此進行成本效益分析是很常見的。在這個初始步驟中，是否進行採購是取決於「要求提供商品和服務的部門」，因為他們將是主要使用者。該調查還應包括對市場的審查，以確定潛在的供應商。

二、**需求建議書**（Request for Proposal，RFP）：需求建議書要求供應商提出符合你需求的解決方案和價格，並且確保他們能夠同時做出回覆，這樣方便進行比較。

RFP通常要求提供以下資訊：

- 供應商的商品和服務的執行摘要或概要，以及他們對你的需求理解。
- 公司資訊，即規模、財務穩定性、業務可行性和經驗。
- 可交付的成果，或他們將如何滿足你的需求。
- 專案團隊和資源。
- 參考資料。
- 成本。

三、**評估提案並選擇供應商**：在此步驟中，將根據提案或對供應商進行實地訪問來評估要選擇的供應商。在某些情況下，可能會邀請潛在的供應商來和公司做報告。評估的要素至少包括：供應商的資源和能力可以滿足你的需求，產品和服務的品質、信譽（通常依據提供的參考資料）、增值能力、以前或現有的關係、彈性、文化匹配和成本。在評估時，那些會用到供應商提供的商品或服務的部門成員，他們能發揮重要作用。

四、**合約談判**：合約構成法律義務，這通常由採購部門負責，公司法律顧問或外部律師提供意見或進行監督。合約會包括但不限於關鍵的可交付成果、時限、付款條件和績效標準。

😐**問題：**

我有一位熟人在當地媒體工作，他經常問我是否願意談談我所在產業的發展。我該接受他的採訪嗎？

答案：你可以接受媒體採訪，但在你做任何決定之前，你必須非常清楚你的公司規定，確保你說出口的內容與公司發言人所說一致。在媒體上發生的事通常會影響公司聲譽：為什麼你達到了（或者沒有達到）某些績效目標，為什麼你制定或取消了某項規定，你做了什麼或還可以做什麼來為你的顧客服務，你為什麼招聘或解僱某高階主管等等。在向媒體發表談話時，公司的利益必須絕對優先於個人自尊或個人意願，有時候這確實很難做到。總之，回答所有問題前一定要三思。

即使在公司遇到重大危機或出現小失誤時，做出回應的目的也必須是保護公司品牌的聲譽，使用推特或發布影片時尤其如此。不好的言論會像病毒一樣擴散，會在幾個月甚至更長時間內，讓公司的計畫發生改變或造成嚴重損害。媒體和大眾能從公司的回覆中判斷你們是否坦率。如果有好幾個人代表公司發言，並講述了不同的狀況或相互矛盾的觀點，只會引起大家的好奇心，讓人們想要挖掘「更深的真相」，這會導致不必要的麻煩，消耗公司在市場上的品牌價值。

每個公司在眾人眼中都有一定的品牌價值，可以用來提升或捍衛聲譽。這需要你明智地決定在何處使用以及如何使用它，關於媒體的事務最好由最熟悉這個領域的公關公司來負責，你要明白這並非審查，而是保持品牌的完整度和形象，以防對公司造成任何重大或長期的損害。

😐問題：

我經常聽到「風險管理」一詞，但我不清楚它的含義，特別是它在我公司中意味著什麼。這只是工作安全和職業保障的新術語，還是有更豐富的內涵？

答案：工作安全和職業保障確實是風險管理的重要組成之一，但正如你的疑惑，它遠遠超出字面含義——這兩個領域都已極大地擴展了。對員工和環境的健康及安全的擔憂，已經演變為風險管理體系，該系統還包括個人與組織的安全和隱私。

美國《職業安全衛生法》（Occupational Safety and Health Act，OSHA）包含大部分健康與安全的議題。每個公司都應該遵守有關事故或疾病的報告與紀錄。作為管理者，你要清楚了解向公司報告事故或疾病的流程。許多公司，甚至是非製造業的公司，都有安全管理計畫，且持續進行現場分析，以識別出潛在的安全和健康風險，從而施行預防、採取糾正措施。員工健康和保健計畫是風險管理的另一個部分。根據組織的結構和規模，這些計畫通常由人力資源部門、設備部門或其他行政部門監督。

工作安全含義廣泛，旨在保護公司免受威脅。安全計畫需要採用綜合方法，包含公司實體（如人力資源、設施、安全、財務、資訊、法律和公共關係），以及專門從事風險管理和員工援助方案的外部顧問。

要保障安全，工作場所的實際安全最為重要。進入建築物的設施（保全人員或自動柵欄、影像監控、身分識別卡或其他識別系統），以及保護有形資產免受傷害或盜竊，這些都是人們公認的安全保障。人身安全包括應對辦公室暴力和自然災害等威脅，例如疏散計畫、消防演習。

除了實體安全，風險管理還包括保護公司機密和專有資訊。這包括公司資料的適當使用、披露和討論，以及存取電腦資訊和員工資料的規定與流程。公司會非常謹慎地防止資訊被盜取，以免員工和顧客的個人資料被竊取外洩。網路安全是風險管理與資訊部門緊密合作的部分，可以防止駭客和網路罪犯未經授權存取公司電腦、網路和資料。

風險管理的最後一個作用就是應急準備。應急準備和應變計畫確定了「在意外或暴力事件發生期間和之後」要立即採取的行動。風險管理必須持續更新危機管理計畫，並制定連續性計畫，確保公司能承受營運的中斷。

作為管理者，你應該了解公司的風險管理計畫，以及所有為員工和公司福利、安全和勞動條件而制定的協議。

☹問題：

科技的進步徹底改變了工作方式，因此我對改進部門的工作流程有一些想法。我該如何以及何時運用資訊科技呢？

答案：科技當然可以提高工作效率，而且想改善工作流程是明智之舉。但是，在你想要運用資訊科技做出改變前，你要全面考慮並採取必要措施。

首先，你要確定預期結果以及結果可能產生的影響，尤其是對員工的影響。例如，這麼做是否能提高員工的工作效率，讓他們能做更多具策略性的工作？如果情況確實如此，你要怎樣讓員工們承擔更多責任？在新型自動化流程中工作，員工需要接受怎樣的培訓？其間你會遇到怎樣的阻力？

其次，進行成本效益分析，以確保採用的自動化流程能為公司獲利。如果可以獲利，目前公司的資訊科技是否有能夠滿足你們需求的軟體？是否有現成的解決方案可供選擇？如果沒有能夠滿足需求的軟體，而且需要重新制定解決方案，公司的資訊技術部門是否有能力做到這些？如果實施新的工作流程需要新的技術解決方案，你需要怎樣的技術支援（例如，線上參考指南）？

如果需要建構或開發某些東西，你要向員工解釋內容並參與設計。你要進行工作流程分析，以便檢查執行的每項任務，重點在注意反覆出現的問題。工作流程中的每一步都要十分重視，包括起點和終點。而且，無論細節看起來多麼渺小，都應予重視。你還要聽取團隊成員的意見，因為他們是實際執行工作流程的人。雖然看起來可能無關緊要，但這麼做可以讓你了解工作的每個步驟，減少不必要的步驟，或增添一些其他步驟。還能提供良好的工作流程圖，在你與資訊人員分享和改善流程時，有利於幫助你們討論。

當你試圖了解資訊人員並向他們說明你的需求時，你要判斷他們是否具備設計和開發新流程的知識、技能與時間。如果他們能達到這些要求，就要給他們永久性的支持。在專案推進過程中，你的團隊或部門也要持續提供可用的資源，好讓執行開發的員工設計最新流程，因為從一開始，資訊人員就是這項新流程的一部分，所以一旦採用新流程，他們就會發揮更重要的作用。

☺問題：

我的公司非常具有企業家精神，即使員工的工作並非銷售，我也會鼓勵每個人都注意最新商機。我是否應該了解銷售和行銷方面的訊息來促進公司發展？

答案：你的公司擁有或想要擁有銷售文化，而你也希望塑造這種文化氛圍，這一點看起來很好。此時你要做的第一件事就是：認識行銷和銷售之間的區別。

行銷是規劃、定價、推廣以及發送公司商品和服務的過程。行銷通常以研究為重點，用以確定顧客群的需求，讓公司透過既有或可開發的產品和服務來滿足這些需求。良好的行銷應該能與顧客和供應商建立持久的關係，這種關係通常被稱為顧客關係行銷。

銷售則是負責將公司產品和服務銷售到市場上。銷售取決於行銷在規劃方法和策略時提供的研究以及資料。

你的公司看起來非常重視建立長久關係，這是一個很好的商業策略。對於依賴電話推銷的企業而言，他們的成功是透過已接聽的電話或已閱讀的電子郵件數量來衡量，但這些企業往往沒有為持續發展做好準備，這可能對公司及形象產生負面影響。

以顧客關係管理為主的公司，會知道所有團隊成員都代表了公司的利益和價值觀。即使你沒有直接參與銷售，也有一些重要的銷售技能可以幫助你：

- **較強的個人特質**：諸如熱情、有活力、自我激勵、誠信等特質，以及在工作中能理解顧客、合作的客戶以及非營利部門成員，並為他們服務。
- **良好的關係技能**：謙虛、自律、自信和個人責任等特質。不要忘記培養與他人相互合作的相關技能，同時要注意傾聽別人的意見。不僅要與公司內部的成員建立關係，還要與公司外部的利益相關者建立關係。正如團隊成員會希望與其他優秀團隊成員合作一樣，潛在顧客也會希望與優秀的公司進行業務往來，而不是那些僅依靠電話聯絡的大公司。
- **卓越的商業頭腦**：了解整個商業環境。你不僅要了解整個公司的需求，還要明白潛在顧客的需求。了解顧客的需求有助於建立彼此間的關係，從而增加顧客對你們的信任，這對於銷售公司的商品和服務很有幫助，此外還可以讓公司本身更健全。

銷售可能不是你公司的主要工作，但你與顧客或公司外的任何人進行日常互動時，例如交談、處理糾紛、建立和維護關係、傾聽意見以及給予幫助，其實都在使用銷售的基本技能。只是大多數時候你都沒有意識到這一點！你在說話時，人們很快就會對你留下印象，這就是一種銷售活動。同時，這也是與其他人建立關係的基礎。如果有機會，請聘請一些專業銷售人員。你也可以親自參與招募過程，這是培養團隊內部成員之間關係的好方法。當你建立團隊內部或外部關係時，你也就建立了別人對你的信任感。這是任何一個管理者或者領導者都不能忽略的問題。

😐 **問題：**

我知道現在的工作場所都有很多援助請求，不過要從公司的支援服務部門取得協助（如資訊或相關設備），過程往往令人非常沮喪。如果我或我的團隊成員需要他們的幫助，該如何引起他們的重視呢？

答案：有時候，如果你的請求沒有得到立即回應，這確實非常令人沮喪，這一點你說得對，但請記住，其他部門也都有自己要優先完成的工作，特別是負責設備或資訊等部門，總是會收到許多援助請求，他們必須擇出輕重緩急，優先考慮重要的援助請求。你不能指望其他人都在忙你的事情、按照你的時間安排工作，急你所急、忙你所忙。

大多數服務部門都需要提報自己的工作順序流程，讓他們能夠追蹤事態進展狀況，按重要層級確定完成的順序，保證其工作量和完成指標。這些指標為他們提供大量數據資料，他們可以從中估算完成某些任務所需的合理時間。一旦他們了解了所要修復的問題類別，就可以相應地分配時間，規劃當前正在執行的任務。請注意，從積極面來說，由於支援服務或客服部門績效至上，因此一旦他們開始工作，除非迫不得已，他們是不願意更改任務的。

接下來，從期望結果和溝通角度來看看你的問題。你所在部門的某個人遇到了電腦問題，現在想要申請維修。如果有資訊人員在公司，而不是採用遠端服務，那麼最佳方案就是：技術人員很快來到你的部門協助解決問題。但是，如果資料庫出現問題且影響了整個部門，所有可用的技術人員現在正在工作，該怎麼辦？當天也許是大多數資訊人員要進行系統維護或更新的日子，董事長的行政助理也可能剛剛打電話給資訊部門尋求幫助，要求解決上級主管的電腦問題。這些都可能會讓你的請求延期。

你的問題是否已經向資訊部門解釋清楚了？了解問題的確切性質後，資訊部門才可以確認你的請求，設置工作流程，提供合理的時間範圍，以便他們為你或你的團隊成員解決問題。實際上，非技術人員可能不知道問題是什麼，只說他的電腦無法運作了。這種描述會讓雙方都感到沮喪。因此，問題解決起來可能更耗時，畢竟資訊人員需要進行一些故障排除。

另一種常發生在人事功能上的狀態是：彙報關係。想想資訊或設備部門向誰彙報？通常是高階管理者。這可能會影響到問題受到關注的優先順序。人們有一種傾向，在取悅顧客之前，往往會先取悅老闆。

你越了解其他部門的同事，就越了解其他部門在公司中的運作方式，而當你或你的團隊成員需要他們的支持和幫助時，就會更加理解他們，不會急於催促他們來解決你的問題。

😐問題：

我希望與人力資源部門建立良好的合作關係，也想知道我們合作時我是否要提出一些問題。

答案：與人力資源主管建立良好的合作夥伴關係十分重要，這對你們的合作非常有幫助。人力資源部門可以作為傳聲筒、良知、教練、主題專家和協調者，幫助你履行管理職責。

加強這種關係的方法就是提出具體問題與他們共同討論，這對公司的成功有極大影響。

以下是可以幫助你開始與人力資源部門建立關係的問題：

- 「當你努力確保有合適的人來達成我們的策略目標時，我能做什麼來支持你？」
- 「在你僱用、鼓勵或留用優秀員工時，你是否需要我扮演某個角色來支持你？」
- 「你認為我在哪方面要做得更好，才能成為一名優秀的管理者？」
- 「我怎樣才能與員工進行更有效的溝通？對此你有什麼建議嗎？」

如果你可以詢問人力資源部門這些開放式問題，並仔細聆聽他們的回覆，那麼你們之間的工作關係就步入正軌了。

如果人力資源主管對你的工作方式有一些想法，請不要直接拒絕他們。例如，他們可能會要求你協助公司的招募計畫，因為由管理人員做課堂示範或親自到校園中進行招募活動，成效都非常顯著。

人力資源部門可以在新人報到流程中幫助你。讓新員工熟悉公司文化是一項非常重要的工作，你可以使用多種方式來達成這個任務。有些公司並非讓人力資源部門負責員工報到流程，而是要求部門管理者向新員工做介紹，好讓新員工了解自己的部門主管和部門職責。

當你和人力資源主管建立起良好的合作關係後，可以考慮將對方當成你的職涯導師來提升自己的管理水準。許多人力資源主管都是優秀的聽眾，可以在你處理員工問題和面臨任何挑戰時，幫助你做出恰當的決策。

當然，這種關係是雙向的。人力資源主管也會諮詢你的意見，這樣他們才知道如何支援你和你的工作，進而幫助你成為優秀的管理者。當你向他們尋求幫助或給予回饋時，一定要以誠相待。

在這種夥伴關係中，當對方提出意見時，應給予充分的信任和尊重。你們雙方都要能夠真正傾聽對方意見，並相信你們的談話內容都是保密的。

還有最後一個問題你可以考慮問一下：「有什麼會讓你夜不能寐？」你將從答案中學到很多東西，這些答案可以幫助你更理解人力資源面臨的挑戰。只有我們彼此了解，才能更增進合作！

😐問題：

我是管理新手，正在努力提高自身的商業素養。我經常聽到「營運」或「業務經營」這兩個詞，我了解它們在工作中的含義，但你能給我一個更加清楚的解釋嗎？

答案：業務經營的概念可能會令人感到困惑，因為它在不同公司中可以代表不同含義。業務經營側重於為公司的顧客提供商品和服務，這一基本概念可能在生產商品的公司中更加清楚，但在以服務為主的公司中同樣適用。判斷經營概念和其他概念需要考慮以下主要因素：

- **能力**，指公司生產產品和提供服務的能力。公司是否有足夠的資源（如供應品、設備和員工）生產商品？是否有足夠的員工、經驗和知識為顧客提供服務？

- **標準**，在某些要求（如財務、時間或安全）範圍內測量產出商品的品質標準。能否按時在預算內生產商品或提供服務？
- **計畫表**，即資源的詳細規劃過程和合作能力，包括資源分配狀況。計畫表是根據當前或即將進行的工作（如工作單或明細表、歷史記錄和未來需求預測）而制定。為新顧客安排的最佳顧問人選是誰？如果產品的訂單增加，是否有資源滿足這一需求？
- **庫存**，在製造過程中的所有內容和物品，如供應品和原物料，處於不同生產階段的貨物以及即將被運輸和出售的成品。能否以看到回報速度調動庫存，而不會產生儲存成本？
- **管控**，評估公司滿足自身規格和顧客需求的能力。生產能力多大？資源使用得當嗎？是否符合所有適用標準？評估是將實際發生的事情與應該發生的事情進行比較，確定未來可能需要作出哪些改變。

上述所有概念都是相關聯的。產能利用率取決於計畫，例如提供服務時，公司可能擁有充足的專業人員，他們的專業知識足夠，但如果他們正在執行某項專案，就可能無法參與新專案。製造產品時，計畫又受庫存影響。如果供應品和原物料不充足，就無法安排生產。

最後，儘管營運可能是公司的核心，但它不是單獨存在的。它依靠外部合作和內部合作共同完成。隨著供應鏈管理的發展，對於商品和服務流程的管理，包括原物料、半成品、成品從原產地到消費點的運輸及儲存，公司往往會與主要供應商建立策略合作關係，這些供應商運用技術分享物料流通和運輸的相關資料。在公司內部，從會計到倉庫再到運輸，營運取決於公司系統的一體化。

😐 **問題：**

我聽過「反向教導」和「同儕教導」這兩個術語。這兩個術語之間是否有什麼區別，在工作場所中分別有什麼優勢？

答案：在傳統意義上，教導是指年齡較大且經驗豐富的員工輔導年輕員工，以幫助他們提高專業技能。經驗較豐富的個人（在工作場所）為工作經驗較少的人提供指導。

反向教導是將年齡較大的員工與年輕員工配對，這樣他們就可以相互教導。反向教導早期的重點是，年輕員工在技術面指導年長員工甚至是高層管理者。千禧世代的員工生活在科技時代，因此非常注重技術，使用科技是他們的第二天性，他們比年長的同業和管理者更容易接受新科技。

如同不同時代的員工合作會催生出有趣的產物一樣，同輩成員在商業經營和新的思考方式上互相學習，思索如何改進，同儕教導關係就此形成。這讓雙方都有機會透過不同的視角觀察事物，無論是正式還是非正式，這是同儕之間的輔助，兩者相互協調，因此稱之為同儕教導。

這些關係當然有積極的一面。隨著不同時代的成員逐漸了解彼此，許多對千禧世代的負面刻板印象逐漸消除，他們之前通常被認為是懶惰、自負、沉迷科技的一代。因此千禧世代擁有更多機會以更有意義的方式為公司作出貢獻。他們想分享自己知道的東西，這能讓他們能參與更多任務。反向教導不僅彙集了來自不同時代和背景的人，還可以將公司內不同部門或層級的人員聚集起來，從而增加公司的多樣化工作。

透過反向教導，至少可以彌補公司中部分的知識差距。年長員工可以與年輕員工分享自己大量的經驗和商業知識，年輕員工可以從年長員工身上學到很多商業術語和產業中的實用知識。技術日新月異，年輕員工可以快速適應這些變化，並與年長員工分享高科技知識，從而節省公司的時間和成本。

反向教導也可以在發展職涯和領導力中發揮作用。年齡較大的員工通常會把年輕員工介紹給公司內外的人際網絡。相反地，年輕員工可以向年長員工分享自己的網路技術，並解釋他們如何在工作中使用科技。這可以提升兩個群體的專業形象。當年輕員工有機會接觸公司中的領導者時，就邁出了成為下一代管理者的第一步。能與領導者自由互動，會讓他們有機會觀察領導者的工作狀態。

身為管理者，你要鼓勵員工參與同儕教導，這是在公司中保持終身學習的好方法。

☹問題：**我和管理層共事困難。我該如何處理這種關係，以便我們能更好地合作？對此你有什麼建議嗎？**

答案：你碰到了所謂的「向上管理」。這是一種職涯發展的方法，它建立在「有意識地為你和管理層的共同利益而工作」的基礎上。它主要指的是了解你老闆的職位、目標和職責，努力做到超出他的預期——尤其是當你的工作幫助他實現目標。

讓我們明確一點，「向上管理」不是討好老闆。你當然想讓管理者滿意，但是最好的方法是：以高效和卓越的方式完成所有的工作，這樣才能做出最大的貢獻。你對部門成功的貢獻會讓你的上層管理者很滿意，可能還會對你的努力表示感謝。

以下一些簡單的注意事項可以幫助你成功地「向上管理」：

- **觀察**。觀察在一對一會議或員工會議上的對話，以此來了解管理者。你應該能知道：
  ——他優先考慮的是什麼？
  ——他如何評估職業和個人？
  ——他如何溝通？他希望你如何與他溝通？
  ——他認為你在這個部門扮演什麼角色？
- **主動幫助**。主動為特殊專案和團隊任務提供協助，這些任務最終都會成為部門成果。如果你的上司有一項不喜歡做的日常工作，例如製作PPT，而你喜歡這種工作，可以主動提出和上司一起工作，或自己獨立完成。你可以成為一個英雄，並有絕佳機會與你的老闆一對一相處，從而更了解他。

- **言出必行**。及時履行承諾，管理者就會信任你，並鼓勵你承擔新的責任。
- **想方設法幫助上司解決危機**。假設CEO指派了一個緊急任務給你的上司，要他製作一份董事會會議報告，你知道自己的上司不擅長彙整資料，此時你可以主動提出承擔部分工作，好讓他去做最擅長的事。
- **在會議上不要成為一個唯命是從的人**。對上司和團隊成員要誠實友好，這樣你就會被視為是個有價值的成員。不要參與辦公室政治，始終保持專業性。尊重每個人，包括你的上司。

與主管保持良好的工作關係會讓你的工作更愉快！

😐問題：

我發現我需要對同儕增加影響力，但我沒有權力讓他們聽我指揮。我能做什麼？

答案：這是大多數人在職業生涯中都會遇到的挑戰，但並非不可能做到。以下重點可以幫助你思考如何去做：

- **如果別人喜歡你，你就更容易影響他們**。這聽起來可能過於簡單，不太商業化，但這是事實！想想同事的反應，你難道不喜歡可愛的人嗎？我們不是建議你改變個性，而是希望你可以試著對別人友好、友善，這樣就可以和同儕建立個人關係。這意味著你要遵守承諾，不要為了達到個人目的去破壞他人的工作，在工作中展現真實的自己！
- **盡最大努力去了解你需要影響的人**。在會議和社交場合中觀察他們，看看你能否找出他們的行為動機。你可能會發現，有些人看起來很消極，不想成為創新的開拓者，而喜歡靜觀其變，直到看清事態再決定是否加入——這取決於行動是否安全。
- **當你知道什麼能激勵同事，就在工作上幫他們出好主意**。問問自己：「這對我有什麼好處？」看看你是否能調整工作流程，讓每個人都知道這麼做將能積極地影響他們。
- **在某個問題上，你認為誰會同意你的意見？**在你向所有人表達出自己的想法前，最好找一個和你立場一致的人，事先做好準備，成功的機率就會增加。
- **當試圖影響那些你無權管理的人時，一定要先做好準備**。如果你有可靠的事實和數據來支持你的想法，成功的機會就會大增。整理好資料，做一個成本／收益分析，以此來展現出自己的想法將對公司產生積極的影響。

- **請記住「每一件事都需要一個理由」**，你越能證明你的想法對公司有好處，就越容易對他人增加影響力。
- **當你提出自己的想法時，也要聽聽同事們的反對意見**。在你開始思考為什麼你是對的、他們是錯的之前，先認真傾聽。你可能需要妥協才能前進，所以傾聽別人的想法可以讓你的想法成真！
- **如果你真的相信某件事，就不要放棄**。贏得別人的信任可能需要一段時間，但一定要繼續努力嘗試。

☺**問題：**

我覺得作為一名管理者，我的職責之一就是保護員工，讓他們能夠專注於自己的工作，只是我不知道所謂的保護要做到怎樣的程度。你能給我一些建議嗎？

答案：沒錯。管理者的職責之一是保護員工不受干擾，當發生問題時要適時介入。

首先，你要了解自己管理的每一個人，以便知道他們何時需要你的幫助。例如，你發現他們在擔心某件事，但不願意請求你的協助。若你能減輕他們的負擔，或和他們一起做這個專案，你就為員工提供了非常有價值的幫助。

你肯定想為員工營造安全舒適的職場氛圍。如果員工覺得你支持他們，他們會更願意承認錯誤，或在需要你幫助的時候來找你。

但是在某些情況下，你無法保護自己的員工，例如裁員或公司減薪。當事情超出你的控制範圍時，你可以表現自己的同情心，努力化解負面影響。

對於一些管理者來說，在工作上充當緩衝角色並不舒服，但這種角色卻很受員工重視。如果你為此感到不舒服，以下有些可以幫助員工的方法：

- **保障他們的時間**。當你的員工需要在截止日之前完成一個專案，你可以從他們的待辦工作中刪除一些不太重要的項目，也許你可以將他的工作分配給其他員工，或延長那些不太重要的工作的截止日期，讓員工能集中精力工作。
- **排除干擾**。當CEO暴跳如雷地指責你的團隊成員時，你應該站出來承擔責任。這並不是說你的員工可以做壞事卻不接受懲罰，而是你要把自己放在上司和員工之間，然後由你對員工進行必要的紀律處分。

- **允許員工犯錯**。員工必須知道如果自己犯了錯將面對什麼懲罰。員工在實際工作中最能學到東西，但在第一次處理具挑戰性的任務時，他們的表現可能並不完美。如果他們知道你會支持他們，並隨時解答他們的疑惑，大多數員工都會盡力不讓你失望。
- **犯錯就要承擔責任**。你犯錯就要自己承擔責任，不要讓員工背黑鍋，這是管理者充當緩衝角色的最極致表現。

創造員工渴望的舒適氛圍，這需要你付出努力，不過一切都很值得，因為他們也會擁護你。

☹問題：

我想設定一個清楚的界限，讓大家有一個更高效、更愉快的工作氛圍。對此我需要一些幫助，你能告訴我該怎麼做嗎？

答案：在工作關係中設定界限，這能幫助你確立自己作為管理者的角色，闡明你對部門和業務運作的期望。清楚的界限可以使員工在工作中更高效、更快樂、更健康。

有些管理者認為沒有必要討論工作界限。他們認為，當員工報到後自然就會知道工作的界限是什麼，但事實並非如此，我們都應該不時地提醒自己。

設定工作場所的界限不是要嚴格規定人們能做和不能做的事情，相反地，這是將事情公開的一種方式。你的目標是要打造一個專業的工作環境，讓每個人都受到重視，並鼓勵他們在任何時候都做到最好。

沒有清楚的界限會對員工和生產力產生實質性影響。當人們在工作中越界時，整體士氣就會受到影響。如果員工覺得自己的貢獻沒有得到重視，模糊的界限會降低他們的積極度。

模糊的界限帶給公司的大問題是：如果一個員工不尊重另一個員工，這種行為可能會導致騷擾，甚至是訴訟。

因此，為了實現良好的管理，為一同工作的方式設定清楚界限是十分必要的。希望你的公司在使命宣言中有包含價值觀的部分，像是「員工必須得到尊重」之類的內容，因為這可以幫助你與員工討論工作界限的問題。

如果公司沒有關於價值觀的使命宣言，你也不要擔心。你可以為自己的部門建立一個宣言來填補這個空白。以下舉一個例子：「本部門重視每個員工的貢獻，尊重每個人，我們以此來維護一個文明且專業的工作環境。」

一旦有了工作上的價值觀宣言，你就可以開始增加一些指導原則，也就是你想在工作場所看到的行為。

以下宣言可供參考：

- 我們會努力與同事建立積極的人際關係。
- 我們會展現出對他人的尊重。
- 我們會有效地與他人合作。
- 我們會慶賀他人的成功。
- 我們會以尊重的態度傾聽同事意見。
- 我們會關心他人。
- 我們會展現出專業素養。

• 我們會專心地傾聽。

如果你想成為一個高效的管理者，花點時間設定界限，將對管理大有裨益。如果你之前從未做過，可以考慮向其他管理者徵求意見，或向人力資源部門尋求幫助，以此促進討論，建立部門界限。

😐 問題：

我想確認我們為顧客提供了最好的服務，但我一直聽人說，好的服務是不夠的，還必須提供良好的顧客體驗。要如何才能確定給顧客帶來了良好的體驗呢？

答案：在通常情況下，顧客第一次接觸公司是透過與員工的交流互動，無論是面對面還是透過電話，這就是顧客服務。如果顧客打電話到你的餐廳，想要預約一個已經被預定的特定位子，而你的員工設法為他們找到期待中的座位，這就是顧客體驗。

顧客體驗超越了服務，它是由「顧客和公司在整個業務關係中的互動過程」所定義。在這個高度互聯的世界裡，顧客的期望值比以往任何時候都高，而且口碑傳播速度飛快。

顧客體驗重要的原因如下：一個對你的公司或業務有良好體驗的顧客，他更有可能成為一個忠誠的顧客，並和朋友以及家人推薦你的公司。簡單來說，體驗愉快的顧客自然忠誠。你可以嘗試以下的方法：

- 和你的顧客建立情感連結。當顧客對自己使用的特定服務或產品印象深刻時，他們就會變得忠誠。研究顯示，投入情感的顧客向他人推薦產品或服務的可能性，比一般顧客至少高出三倍。

當員工找到方法為顧客做一些特別的事情時，他們之間就會建立起情感上的連結。以線上鞋類零售商Zappos為例，一位顧客為母親買下一雙鞋子，但母親還沒來得及穿就去世了，顧客將鞋退回去。客服務代表不僅免費提供快遞取回鞋子，還送了鮮花以示哀悼。現在我們能確信這位顧客一定對Zappos十分忠誠！

- 向你的顧客尋求回饋，並迅速落實。你是否注意到自己從購物的地方得到回饋的速度有多快？有時你剛剛到家就會收到一封電子郵件，因為這些公司知道隨時收集資料的價值。處理顧客資料十分重要，你一定要找特定的客服人員來處理這些資料。
- 和客服人員徵求回饋意見。他們是第一線員工，握有寶貴的訊息，你可以用這些訊息來改進產品和服務。對第一線員工來說，徵求他們的回饋是一個很大的鼓舞，尤其是當你按照他們的建議行動時。因此，當你根據他們的回饋作出改變時，務必要讓他們知道。

你只需要詢問一個簡單的問題，就可以評估顧客與你相處時的感受：「你會向你的朋友或親人推薦我們公司嗎？」試著這樣問，看看你會發現什麼。如果需要的話，就修改顧客服務流程。

結語

僅僅依靠外交手段不足以影響職權範圍外的人（像是同事、上司）或管理外部的商業夥伴。你必須花時間去學習和了解：事情是如何完成的，以及他人對你的團隊和公司做出的貢獻。有了這些知識，你就能增進自己的技能。你要讓自己成為公司中有經驗的影響者。

Chapter 06 避開團隊中的潛在地雷

你已經知道管理並不總是非黑即白。有些情況十分微妙（如辦公室暴力和流言蜚語），有些事情比其本身更加複雜（例如尋找工作中的樂趣）。障礙似乎總是存在（例如需要進行背景調查並保存記錄）。本章中的管理狀況甚至連經驗豐富的管理者都會犯錯。

😐 **問題：**

我有一個員工懇求我代表她介入團隊的工作。她對改進流程有很好的想法，但她的團隊領導者並不認同。她的好主意讓我很想介入，但我不想偏袒任何一方，也不想打擊團隊領導者。他們都是很優秀的員工，我想讓他們持續在同一個團隊中工作。我能做什麼來解決這個分歧嗎？

答案：當面對難以解決的員工問題時，管理者也會發愁的。在這種緊張的情況下，你處於進退兩難的局面。為了創造一個合作良好的工作環境，你可以這樣做：

- **給員工成長空間**。他們需要自由和權力來解決與工作相關的問題。給他們提供機會去學習管理衝突的技巧和解決問題的能力。你要盡可能地學習衝突管理，並善用所學的技巧和技能。

- **意識到緊張、自負以及情緒往往會成為阻礙**。幫助團隊成員建立良好的工作關係，明確問題及其在工作場所的影響。不要忽視情緒，因為情緒往往會影響人們的判斷。如果員工情緒爆發，你要幫助他們控制情緒，讓每個人都有時間反思。這是一個重新獲得平衡的機會，讓大家可以繼續進行具建設性的討論。
- **加強自己的疏導技巧**。作為一名管理者，通常你是一個中立的衝突觀察者。這是個很好的優勢，你可以透過調解會議來指導員工。當你與他們見面時，定義角色並設立基本規則。員工是主要參與者，而不是你。他們會互相提問並提出解決方案。即使員工詢問你，你也不要提供建議、觀點或解決方案，因為你的職責只是讓他們繼續討論下去。
- **充分利用衝突**。衝突往往可以推動創造力和創新。第一線員工通常會有更好的解決方案。幫助他們集思廣益，然後評估且優先考慮他們提出的想法。當人們坐下來冷靜理性地交談時，就會交換訊息。這是一個傾聽、理解不同想法、加強工作關係的機會。對一個具創造性和互動性文化的組織來說，想要成長和茁壯就得接受這種想法：衝突在工作場所是必不可少的。

😐問題：

我經常接到來自外部供應商和廠商的電話，像是人力仲介或設備供應商，他們想和我見面，而且經常希望在午餐時間會談。我一直猶豫是否要接受邀請，我應該用什麼理由拒絕他們呢？

答案：你的謹慎是對的。接受午餐邀請可能極具誘惑，但你最好和其他部門的同事商量一下，確保公司沒有禁止員工接受供應商和廠商的招待，同時公司當下與他們沒有簽訂合約。

了解公司現有的策略和協議。例如，人力資源部通常會有適當的流程來找尋挑選出最好的外部合作對象。這些流程規定都是源自最佳實例和政府法規，了解規定的內容並理解制定這些規定的原因，會對你很有幫助。如果你遇到一個人力仲介，他們在公司的流程之外向你推薦應徵者——可能很簡單地寄一份履歷給你，如果你僱用了他們推薦的人，那麼在未來的某一天，你要支付仲介費給他們。你有可能會因此違反了檔案記錄管理、平權法案和涉及招募流程的規定。

你可能不知道某些商品和服務的預算有限，所以最好和財務核對一下。在進行合約談判時，公司會盡力讓購買力最大化，特別是在計畫花費大量金錢時。雖然你可能會根據部門的需要做出決定，但是其他部門（如採購、財務、人力資源、資訊和法律部門）考慮的是整個公司的需求。

此外，如果公司銷售人員正在使用的產品或服務還在合約期內，這些合約中可能含有限制條款或其他條件。例如，可能某個合約條款規定供應商擁有排他性權利，這表示你的公司不能與另一家供應商公司做生意。折扣都是經過協商的，這意味著當達到一定的銷售額時，供應商將向你返還一定百分比的金額，或者根據未來銷售預期提供貸款。你應該不想無意間違反合約條款，而且合約可能很複雜，所以你要讓公司的法律團隊參與談判和審查。

請記住，比起了解你公司的流程和需求，供應商的業務代表可能對銷售自家產品更感興趣。如果是這樣的話，他們的企業文化可能與你們公司的難以契合。他們可能會認為，由於你已經同意與他們見面，所以你有權代表公司，但實際上你可能並沒有這個權力。如果進行會談，你就應該清楚地知道會議的目的是收集資料，此時你可以邀請其他部門的同事一起赴約，幫助你從另一個角度來理解。

☹問題：

因為多元化、騷擾和其他敏感問題的關係，我們似乎很難從工作中獲得樂趣了。當工作任務讓人備感壓力時，在不越界的前提下，我能做什麼來緩解這種緊張的情緒呢？

答案：在工作場所中率性而為的確可以幫助緩解壓力，並提高工作效率。輕鬆的氣氛也可以讓公司更有效率。

然而，如果拿他人開玩笑來獲得樂趣，就會埋下很多麻煩。在這種情況下，工作中可能會出現諸如騷擾、偏見和潛在的欺凌等問題，這些都很棘手。例如，當笑話和評論的本質變成性暗示、種族或民族歧視，或者嘲笑他人特徵，全都是越界行為，這種不良或違法行為會不斷侵蝕公司。

許多非常成功的公司會將樂趣和輕鬆融入工作場所中。玩遊戲和參與活動也能激發創造力。以下是一些你可以做的事情，其中很多都是零成本或低成本：

- 員工可以在主題日穿著特定的主題服裝（像是某時代的服裝或某個國外節日的

服裝）。員工也可以根據主題來裝飾自己的辦公空間，並爭取最佳裝扮獎。

- 利用零碎時間（如休息、午餐等），討論有關公司歷史、產品、發展重心和未來方向等問題。
- 選定遊戲日，員工可以在休息室、辦公室周圍或會議室設置遊戲室。遊戲種類可以包含棋牌類遊戲、電子遊戲、迷你高爾夫等活動。
- 在員工會議上玩「破冰」遊戲。例如，每個人說兩句真話和一句假話，讓其他人猜哪一個是假話。
- 讓會議充滿歡樂，並讓每個人都參與。
- 在會議結束後，可以給員工披薩、冰淇淋或其他獎勵。
- 舉行百樂餐、辣椒野餐、最佳餅乾比賽或停車場派對等活動。

你能做很多事情，但注意不要越界。如果你參加了遊戲或烹飪比賽，請確保全部的團隊成員都對這些活動感到滿意。作為一名管理者，你可以鼓勵高階管理團隊和你一起積極參與。這很重要，因為這些活動通常會展現出員工平常鮮為人知的一面。

😐 問題：

我為團隊推薦一位優秀的人，他是我以前的同事。我的上司和團隊成員都面試過他，不過人力資源部門表示必須對他進行背景調查，才能給他錄取通知。我要怎樣才能說服他們呢？

答案：你想僱用優秀的人，這個想法很好！人力資源部門似乎在阻礙你，但他們有充分的理由去做背景調查。

公司可能要對過失僱用負責任。過失僱用指的是：如果一個員工在工作中粗心大意或犯錯而導致他人受傷，無論這個受傷的人是員工、客戶還是消費者，都可以認定這是公司的過失，因為他們僱用了這個員工。當員工在工作時，雇主要對他們的行為負責。在過失僱用索賠中，當員工的行為超出了他們的職責範圍並因此對他人造成傷害時，雇主應負責。雇主應該知道（如果進行背景調查的話，也應該知道）此人存在風險，並可以採取措施防止風險發生，例如拒絕聘用此人。

過失保留是指：管理者沒有意識到當前員工不適合其職位，沒有採取如調職或解僱的糾正措施來解決問題。過失僱用發生在招募和錄取通知階段，原因是管理者未能充分調查求職者的背景。過失保留發生在僱用過程中，管理者沒有考查或以其他方式對員工的不稱職行為採取行動。

雖然你可以為人力資源部門提供很好的面試者參考資料，但是人力資源部門對所有甄選中的潛在員工都要遵循同樣流程，這不僅確保每個人都能得到公平的對待，還可以確保招募過程的完整性，以防招募決定受到質疑。

😐**問題：** **有時候管理者必須傳達壞消息，最常見的情況是不得不解僱員工。考慮到社群媒體和公共關係，我如何才能避免負面影響？**

答案：你的擔心是對的。公司經常處於艱難的公共關係中，很多時候負面新聞是可以避免的。即使公司和管理者都儘量做到盡善盡美，也無法保證以後不會出現反彈，尤其是在社群媒體上。不幸的是，人們求助於社群媒體來發洩，但其往往缺乏事實依據。然而，你可以機智謹慎地做些事情來處理不利的局面。無論何時，當你要傳達壞消息——特別是解僱員工的消息，一定要表現出對他的尊重。一定要盡可能親自傳達這個消息。當然，如果員工遠在其他地方工作，那最好打私人電話給他。在任何情況下，你都不應該透過電子郵件通知解僱消息，除非在特殊情況下，例如你一直無法透過電話聯絡到他，此時就寄掛號信給他。

如果終止僱傭關係的原因是「員工受到紀律處分或績效達不到預定目標」，那麼這名員工應該不會對此感到意外。他應該很清楚自己將被解僱，因為身為管理者的你已經和他溝通過這個問題了。

然而，在某些情況下，非自願離職可能是由於裁員的原因，而受影響的員工可能會猝不及防。此時，任何內部或外部的法律、人力資源和溝通團隊在內的高階管理者，都要制定一個計畫來處理裁員所涉及的相關問題，你應該與他們持續進行協調。

無論是何種情況的解僱，當你坐下來傳達給員工這消息時，應將書面通知交給員工，解釋終止僱傭的原因。當人們以私下方式得知壞消息時，他們就有機會提出問題並得到澄清。這可以消除不良情緒，避免意外風險，例如離職人員向當地媒體講述他們事情，說一些他們本來可能不會說的話。

在進行裁員時，要盡可能通知所有員工。對所有員工，甚至不會受到影響的員工，都要進行開誠布公的溝通。記住，他們正在失去同事，可能會被要求承擔額外的工作。有很多像Glassdoor這樣的網站（所有人都能匿名在該網站評論雇主），員工可以在上面發布有關公司的負面訊息。如果員工看到自己的同事受到尊重，能有助於增強團隊士氣，他們可能會更加努力工作，因此要避免員工在網上發表負面評論。

😐問題：

我一直在小公司工作，這裡的很多事情既簡單又彈性。我最近換了工作，是一家不同產業的大公司，他們對員工的身分授權和出勤記錄方面有很多要求。你能解釋一下為什麼會有如此多規則嗎？

答案：當你在不同的環境下工作時，可能會感到沮喪，尤其是事情變得更加複雜的時候。公司之所以會有如此多的要求，或許是很多原因造成的。

不同產業的不同公司可能會受到政府機構的監督，根據其規模大小，可能適用不同的法律法規。例如，在美國聯邦一級行政區，除了非常小的公司，大多數公司都要遵守美國勞工部的規定。如果該公司有提供商品和服務給聯邦政府，則需要增加額外要求。上市公司必須遵守美國證券交易委員會（SEC）的規定，通信產業的公司必須遵守美國聯邦通信委員會（FCC）的規定。

在許多公司中，準確的工時規管資料對營運至關重要。這些資料通常是他們在制定商品定價或向顧客計費的基礎。根據不同產業，計時人員的工時要經過美國勞工部或其他機構的審核。

除了出勤記錄，還需要準備其他紀錄資料，例如財務報表、會計記錄、商業計畫、環境報告、傷害和事故報告以及員工開支報表等等。由於各種原因，組織內外的許多個人和單位，可能都依賴這些報表的準確度和真實性。這些人員和單位包括但不限於員工、政府機構、審計員和公司所在的社區。此外，誠實準確的員工記錄和報表資料有助於公司做出負責任的商業決策。

在大型公司中，做任何事情之前都需要事先取得許可授權。例如，在購買設備或需求品之前要提出採購申請，在僱用員工之前要提出人事申請。在某些產業中，旅行也需要提前獲得許可。這不僅是為了讓高層管理者了解正在發生的事情，還為了確保符合既定標準和政府法規。

遇到問題果斷地諮詢公司中負責的部門（人力資源部、財務部、採購部、法務部或其他部門），他們會很樂意指導你並解釋為什麼會制定這些要求。這樣將確保你不會無意中違反現有規定或程序。

☹問題：**我的新公司要求做很多內部報告，這合理嗎？**

答案：在大多數公司中，管理者都需要解決很多問題。然而有很多經驗豐富的內部人員可以把相關問題處理得更好，例如人力資源問題和法律問題。這些問題包括：

- 公司中有關歧視或騷擾的投訴，即使員工要求保密，也應該對其進行調查並採取適當的處理措施。
- 對可能違反《沙賓法案》（SOX法，美國對公司治理、財務、證券市場等問題的監管法規）等法規的犯罪或欺詐活動所提出的指控。此外，涉嫌違反公司規定可能會產生法律或商業後果，如利益衝突。此類指控之所以重要，是因為法官或陪審團可能會認為：未能舉報這類的投訴才使不法行為長期存在。

- 雇員或求職者披露的醫療訊息或狀況，應該要提報給人力資源部門或法律部門，例如根據《美國身心障礙者法》（ADA），這可能是一個合理的請求，因為人力資源和法律部門會更了解ADA的要求以及做出適當調整的程序。
- 休假申請要提報給人力資源或法律部門，因為請假可以根據美國《家庭與醫療假法》（FMLA）的規定辦理，而他們對這些相關法規的要求更了解、更有經驗。
- 與工作相關的事故和傷亡要提報給人力資源部門，根據美國「職業安全與健康管理局」（OSHA）規定，除了要求提報相關報表和記錄，還規定在職受傷的員工有資格享受工傷補償。
- 工會活動的證據應儘快提報給人力資源或法律部門。長期以來，能夠提早發現工會活動並立即採取措施，一直是企業應對工會的關鍵。
- 在收到來自政府機構的訊息後，應立即通知人力資源或法律部門，這一點很重要，因為雇主溝通的方式可以決定法律結果，以及可能產生的任何損害。
- 來自外部律師的訊息應立即向公司的法律團隊報告。這包括傳票或其他法律文件，例如來自不代表公司的律師來信，甚至是對某些事情感到好奇的律師的

「友好」來電。

- 威脅或暴力跡象都要向人力資源或安全部門報告。他們能夠好好處理這些情況，並能隨時尋求外部資源的幫助，如員工協助方案（EAP）的專業人員，甚至在極端情況下尋求法律幫助。

向公司相應的負責人員報告這些問題，可以確保將問題分配給具有相關知識、技能和經驗的人，他們會以最有利於公司的方式來處理這些問題，大大地降低風險，同時讓管理者有時間專注於自己的職責和部門運作。

😐問題：**我現在管理著幾個遠距工作的部屬，這對我來說是一個新挑戰。你對提高遠距工作的效率有何建議嗎？**

答案：要對每天都看不到的人進行有效管理確實頗具挑戰，雖然工作形式各異，但遠距辦公是生活中不可避免的。遠距關係結構複雜，員工可能在不同的時區、國家或地區工作，甚至他們每週要在家工作幾天。

希望你的公司有為遠距工作的員工精心制定相關工作規定——它將是你的管理指南，能幫助你準確地衡量生產力。這些規定還應該幫助虛擬工作者處理他們面臨的一些問題，例如在看不見他們的公司中如何保持存在感和重要性。

你要以不同的方式管理不同的遠距員工，因此需要花費更多精力和心思。你應該對員工的工作負責，無論是在辦公室的員工，還是在其他地區或國家工作的員工。以下是與遠距員工工作時可以讓效率最大化的建議：

- **設定期望**。確保遠距員工（以及你的所有員工）清楚知道你對他們的期望和要求的工作時間。讓他們知道你將如何依據你的期望衡量成果，並讓他們有機會做出回饋。可以把你的期望寫下來，如此雙方就不會有任何疑問。
- **讓員工對自己的工作負責**。無論員工是和你處在同一個辦公地點還是在世界的另一端，你都要跟進他們，確保他們在正常工作。設定工作節點，保證所有工作會按你的預期完成。顯然，你不想進行微觀管理，但是請記住，你是最終要對工作負責的人，所以你有必要在完成工作的過程中讓員工對他們的工作負責。

- **能聯絡上對方**。定期與你的虛擬員工開會，並在他們遇到困難時盡力提供幫助。也許因為時差關係很難做到這一點，此時你可以明確告訴他們自己何時回覆電子郵件、訊息、電話，他們一定會很感激你。
- **保持良好的溝通**。確保他們接收（且了解）公司的其他重要訊息，而且他們與其他團隊成員也有所互動。
- **利用科技進行工作**。若不是因為科技發展，遠距工作根本無法實現，所以你可以充分利用現代科技產品。如此一來，虛擬員工可以積極參與員工會議，包括分組會議和白板工作。Skype、Zoom和Facetime可以讓你像看到會議室裡的人一樣，經常「看到」遠距工作的員工。
- **讚賞並獎勵遠距工作者**。不要忘記表揚或獎勵遠距工作的員工。你對員工要一視同仁——無論他們是不是在辦公室工作。

現今，公司中遠距工作的員工越來越重要。雖然這很具有挑戰性，但如果管理得當，他們就可以提高部門的工作效率。

😐 **問題：**

我剛到一個有遠距辦公的公司工作，之前我從未管理過遠距工作人員。我部門裡的大多數職位都適合遠距辦公，所以我想知道哪些員工會成為最優秀的遠距工作者。在審查遠距辦公的請求時，我應該考慮哪些因素？

答案：現在的員工都渴望能彈性工作，隨著技術的進步，遠距辦公會是一種趨勢。公司透過各種不同的方式來實現遠距辦公。員工可以每週在家中工作一兩天，或大多數時間在家工作，只需定期到辦公室參加會議。

聽起來你公司中有許多職位都可以遠距辦公，也就是說，工作性質是獨立或需要高度集中精力。如果是這種情況，請考慮允許員工間歇性地（一週一天或兩天）在家工作，錯開他們的工作時間，確保不是每個人都在同一天不進公司。你可能還要讓他們輪流休假。在某些地方，每週的中間幾天交通最為擁擠，此時可以讓每位員工都有機會在週二和週三在家工作，避免交通阻塞絕對是提高工作效率的好方法。

如果員工期望安排更長時間的遠距辦公，請在選擇求職者時考慮以下因素：他們的自我激勵、績效和時間管理技能，以及對工作的熟悉程度。他們在你公司的任期雖然是一個重要因素，但不應該成為最重要的因素。

管理在家工作的員工與管理遠距工作者（在不同地區或國家工作的人員），兩者要面臨的許多挑戰是相同的。你必須設定期望並讓他們負起責任，還要與他們定期交流。要求在家工作的員工進辦公室參加定期會議，這比遠距工作者更容易。你可以讓遠距人員每個月有一到兩天定期到辦公室工作，這樣他們仍然具有存在感。這點很重要，因為遠距工作者會面臨許多挑戰，這些挑戰包括有：

- 人員分開，缺乏互動。遠距工作者可能會認為自己缺乏與團隊成員合作的能力。雖然現今技術發達可以緩解此類問題，但你務必要定期召開全體會議。
- 家庭事務導致員工分心。對於員工來說，當工作截止日將近時，家庭事務可能是最令他頭痛的。你可以鼓勵員工抽空去解決一些工作以外的事，這可以幫助員工更投入在工作中。
- 缺乏支援。這可以透過公司內部網站解決。
- 影響職涯發展。對所有員工提供職涯管理的培訓非常重要，對於遠距工作者來說更是如此。良好的溝通途徑和固定的辦公室時間，可以減輕遠距辦公人員對其職業生涯的憂慮。

確保所有遠距辦公的員工都了解到自己會面臨這些挑戰。你要經常與他們溝通，了解他們如何處理這些問題，並給予支持。遠距辦公對員工、公司和社區都有很多好處。

😐 **問題：**

現今工作場所的代溝問題嚴重，員工之間的差異也比較大，我雖然會注意這些問題，但要如何才能更理解和管理我的員工？

答案：每個人都是獨一無二的，但共同的經歷塑造了同世代的思維，這讓不同世代的人能夠為工作提供不同的方法意見。有鑑於我們處於生活的不同階段、擁有不同的職業抱負和需求，我們有必要拉近代溝。與所有多樣化挑戰一樣，弄清楚當中的獨特之處，便可以更理解每個員工，發現存在我們之間的更多共同點。

老一代的管理者和員工必須適應的是：年輕一代不會像他們那樣看待工作。這對他們來說可能很難。對年輕人而言，工作不是他們生活的重點。此外，當他們看到自己的父母、年長的朋友和親戚在經歷裁員時，他們看到的是：對公司忠誠不一定得到回報。他們更偏好在工作之外擁有有意義的生活。雖然老一輩人也是如此，但年輕人似乎更善於實現這個目標。

年輕的員工在科技的薰陶下長大，所以他們擅長各個領域的技術。他們就像是所處社區的資訊長一樣，理所當然地認為自己知道如何做每件事。他們覺得科技讓自己在工作中獲得了真正的優勢，他們知道如何利用科技提高工作效率，以便在更短時間內完成工作。他們想知道：如果他們的工作結束了，為什麼還要待在辦公室裡？他們不明白為什麼長時間工作就能證明自己的奉獻精神。畢竟，如果已經獲得成果，何時完成工作真的很重要嗎？

年輕的員工也想做有意義的工作，得到為公司做出貢獻的機會，但他們不想坐等機會：他們想儘早做出成績。在現今競爭激烈的工作環境中，這不是什麼壞事。與其想試圖改變年輕人的行為和習慣，來適應過去工業化時代的工作場所，不如給他們一些彈性，幫助他們塑造未來的工作場所，在這樣的工作環境中，他們可能會比年長的同事願意花更多時間工作。

待在良好的工作環境，員工有機會學習新事物，運用自身技能，尊重彼此，幫助他人，並且可以帶薪休假，有足夠的彈性，自身健康和福利可以得到保障，有權選擇做有意義的工作——這些都是年輕員工所要求的，其實這些也是年長員工想要的東西，只是他們不知道自己可以要求這些！

如果你花時間去尋找不同世代間的共同點，那麼他們要一起工作並非不可能。出現意見分歧時，要尊重他們，不要讓這些分歧在同事之間產生隔閡。

😐問題：

我管理的是一個千禧世代組成的團隊，我希望在領導這個年輕團隊的過程中，可以發揮最大的影響力。你能幫助我更了解他們的工作特點嗎？

答案：千禧世代是現在職場上人數最多的世代，我們要盡可能地去了解他們的優勢，以及他們在職場能發揮的作用。關於千禧世代的負面報導太多了，其中有很多都是不公平的。我們來看看他們重視什麼，他們又是如何影響我們的工作。

- **工作場所的彈性**：大多數千禧世代都希望按照自己的節奏工作，根據個人生活選擇合適的工作時間。他們反對傳統的朝九晚五工作模式。科技讓人們可以在任何時間任何地點工作，所以他們不認為「在特定時間去辦公室，然後在那裡待到下班」有任何意義。他們會想：為什麼不在處於最佳狀態的時候工作，即使是在半夜？聰明的公司會盡力讓工作時間和地點更加彈性。這對公司發展有很大的益處，例如，現在很多人每週有幾天在家工作或遠距辦公，可以減少企業投資房地產。

- **回饋**：千禧世代會藉由詢問和要求來獲得大量回饋，他們徹底改變了許多公司管理績效的方式。他們希望能經常得到意見回饋，因此許多公司現在已經取消年度績效評估，而是常常與員工進行溝通交流。
- **合作**：千禧世代從小就熟悉團隊模式，喜歡與他人合作。這種特性對團隊和生產力都有積極的影響力。
- **有意義的工作**：千禧世代不一定非要為知名公司效力，而是希望他們所做的工作是有意義的。了解自己的工作在哪些方面符合公司的策略目標，這對他們來說非常重要。許多人都希望在非營利公司工作來改變世界，不過他們同樣希望私人企業領導者能更加慈善寬厚。

- **技能培養**：千禧世代重視學習和個人發展，願意花私人時間培養新技能。聰明的管理者都明白，如果這一世代的人感覺在目前職位上學不到新東西，就會換工作來培養新技能。
- **生產力**：如果有更好的方法來完成同樣的任務，千禧世代就不願意循規蹈矩地完成任務。他們渴望嘗試新事物並樂於承擔風險。

讓我們向千禧世代學習，因為在上面的內容中，沒有任何一項會對公司或員工產生負面影響。如今，許多其他世代的人也希望自己的管理者能更加開放，這樣就可以採用千禧世代的行為模式來改變工作環境。

☹問題：

有一名員工最近行為很不穩定，對此我很擔心。我想解決這個問題，並透過公司的員工協助方案（EAP）為他提供幫助，但我不知道如何著手。你能給我一些建議嗎？

答案：你能意識到員工行為的變化且希望提供幫助，這一點非常好。EAP通常可以幫助你在情況惡化之前穩定局勢。對管理者來說，不管出於任何原因向EAP尋求幫助可能都會很困難。若情況嚴重，例如發生反覆無常的行為，那麼儘快解決問題就非常重要。你應該向EAP的顧問尋求指導，他們可以幫助你評估情況並做好準備，進而讓結果對員工和公司產生積極影響。

在你向EAP顧問和員工描述狀況時，要特別注意那些引起關注的行為。對員工明確指出難以反駁的具體事實，例如：「星期一你威脅你的同事，並對他大喊大叫。幾位同事親眼目睹了這個情況並向我報告。」這樣能避免他矢口否認，也讓他知道你已注意到這些情況且記錄下來了。

面對員工時，請記住你不是顧問，也不是保健服務提供者。你不用判斷問題的根源所在，那是專業人士的職責。你的任務是維持部門的工作效率。

在你與員工討論時：

- 讓員工知道解決問題的預期目標，即具體行動和完成的時間框架，包括後續追蹤的時間點。

- 把已傳達給員工的內容記錄下來。
- 告訴他們你會繼續監督他們，如果沒有改進，你將採取進一步行動，接著說明你可能會採取的行動（如解聘）。
- 啟動平行管理行動，例如績效改善計畫。
- 將把管理轉介給EAP，說明聯繫EAP是行動計畫中改善情況的一部分。
- 強調這個管理轉介是自發性的，EAP是提供幫助的資源。員工有權決定是否運用這些資源，如果他們接受EAP協助，即使改善計畫失敗也不會受到紀律處分。
- 同時強調EAP不是安全港。員工仍然要對自己的表現和行為負責。

請記住，員工是否接受EAP協助要完全出於自願：

- 如果員工拒絕EAP協助，也不會受到任何懲罰。
- 接受協助的時間並無限制。

你可能會知道員工是否與EAP聯絡，但不一定會了解他們的進度。這取決於員工是否允許指導者與你聯繫。但是一旦員工接受EAP協助，就應該繼續觀察、監控、評估和記錄員工的表現。如果員工的行為沒有改進，則應根據公司的規定採取進一步的管理措施。

☹問題：

暴力行為在現今社會和工作場所中越來越多，身為管理者，對此我有哪些需要特別注意的事呢？

答案：現今暴力行為增加是一個毛骨悚然且十分不安的現實，你了解且希望積極去應對這種情況，這個想法非常值得稱讚。避免工作場所出現暴力行為的最佳方法就是提早預防，你的公司應制定計畫來應對類似的情況，例如管理培訓、響應計畫和員工協助方案等。

管理者在辨識和處理員工的不恰當行為時，扮演很關鍵的角色。介入是防止潛在暴力事件發生的第一道防線。

員工陷入困境時的跡象包括但不限於：

- 不穩定或具攻擊性的行為。
- 對別人充滿敵意，自私自利。
- 表現發生變化，且行為和表現不一致。
- 拒絕別人的指導。
- 迴避同事。
- 對申訴的規定產生質疑或迷惑。
- 顯現出憂鬱症跡象，像是工作節奏緩慢、外表蓬亂、神情絕望以及無法集中注意力。
- 痴迷於武器。
- 有自殺跡象。
- 有挑釁行為或愛與別人爭論。
- 認為自己是受害者。
- 沒有按時完成工作。

- 出勤率低。
- 情緒波動。

認真觀察員工的行為並警惕他們的變化。所有人都會有不順利的時候，可能幾天，也可能持續數週，此時可能會很容易與別人起衝突或工作分心。當員工陷入困境時，他的行為會發生變化，而這種變化正是你需要觀察的。

你要意識到員工的行為會產生變化，可能是罹患精神疾病、濫用藥物或酗酒的跡象。你不用探究問題的根源，只需察覺到他們出現的問題，並根據公司的規定採取適當的措施，例如將陷入困境的員工引薦給EAP。當然，如果員工已經出現直接的暴力威脅，你必須和上司報告，尋求人力資源部門、法律或安全部門的支援，以便採取適當行動。

辦公室暴力行為的肇事者也可能不是公司的人。如果員工是家庭暴力的受害者，其配偶或伴侶可能會到工作場所尋求報復。如果你知道某個員工是家庭暴力受害者，或者他與某人有糾紛而申請保護令，請讓公司中的主管都了解這個情況，以便能夠適時採取適當的行動。當然，如果某個員工是他人申請的保護令中被限制的對象，這可能意味著他有暴力傾向，你也應該向主管報告這個狀況。如果存在上述任何情況，也可以對員工提供EAP協助。

若在工作場所發生事故，儘快找到最近和最安全的逃生路徑。逃離現場，並幫助他人，防止其他人再次進入危險場所，在確保自身安全後撥打電話報警。如果你無法逃脫就把自己隱藏好（最好在大型物體後面設立障礙物），如果可能的話，鎖上門，把燈關掉，手機關靜音，保持安靜。美國國土安全部有提供名為「Active Shooter」的槍擊逃生指南隨身卡，可在網路上下載（www.dhs.gov/publication/active-shooter-pocket-card），也可以參閱有關備災、反應以及復原的其他出版物。

😐 問題：

在我以前的公司裡，員工們工作倦怠，人員流動率高。我的新公司要求我組一個專門小組，來防止員工的工作倦怠。我對這次機會感到很興奮，我能在公司內提出哪些計畫？你可以給我一些建議嗎？

答案：很高興你的新公司積極主動地要防止員工出現倦怠情況，而且你希望能參與其中。防止職業倦怠需要由員工、管理者和領導者共同努力。你的公司在全方位取向上採取了正確的途徑。

在正式和非正式的基礎上，你可以透過多種方式使用遠距辦公和彈性辦公。以下提供兩個非正式的方案：

一、在家工作。每週選擇特定的一天或間隔幾日後。每個人都可以享受一天遠離辦公室的日子，不用考慮工作效率或如何與他人合作的問題。雖然合作對工作非常重要，但待在一個自己可控制的環境中不受時間限制地獨自工作，可以提高工作效率和工作品質。

二、各種形式的彈性調度。錯開工作時間是一種彈性的安排方式，即使是在特定的基礎上。例如，某位團隊成員即將有一個重要的專案到期，雖然其他人仍需要在辦公室上班，但你可以允許這位員工在舒適的家中完成專案。如果他們可以先在家工作然後再進辦公室，可能會更有創造力。

除了工作場所的彈性，還要確保公司重視休假制度。例如允許員工擁有心理健康日。如果員工知道公司的領導者贊同這種做法，他們會更願意休假。在員工完成重大專案後，給他們一天休息時間。如果公司的經營模式允許，盡可能讓員工帶薪休假一天；如果不能，至少讓員工不定期休假。鼓勵他們在節日休假，因為這本來就是應該休息的日子。不要讓員工覺得在節日工作是他們的榮譽徽章。

公司在工作場所創造緩解壓力的另一種好方法是：在辦公室空出一個地方，將它作為「正念空間」。如果你們的辦公空間是開放式的，那麼「正念空間」就應當在一個安靜的角落；如果辦公空間有隔間，可以留出一個單獨的辦公室作為「正念空間」。這個空間不需要科技設備，但是要燈光溫暖（使用檯燈而非頂燈），家具舒適，也不需要精心設計，只要是一個安安靜靜的空間即可，讓員工可以暫時放下繁重的工作，在這裡靜靜思考。

在特定日子的特定時間內不使用任何科技設備，可以拔掉全公司設備的開關。如果你要與在同一棟大樓裡工作的某人交談，就和他進行面對面會談，這樣有助於建立人際關係，塑造一個良好的工作環境。大家都希望留在這種環境中工作，而且會號召同事繼續為公司工作。

☹問題：**最近我們計畫在公司中做出一些改變，這可能會影響到我的團隊。我能做什麼來減少這些變化對團隊工作的干擾呢？**

答案：想要避免受到公司變化的影響是一個好想法。在公司實行變革之前，你所做的任何事情都是有益的，但你好像已經知道即將產生的變化會讓很多人感到不安。

你要考慮每位員工的狀況，了解他們通常如何應對變化。有些員工可能會歡迎並支持公司的改變，而且能迅速適應。這些員工對你來說非常重要，因為他們可以幫助你說服那些不願意接受改變的人。在任何公司的變革計畫中，最先接受變革的人都是十分寶貴的，他們能幫助別人充分發揮自己的技能。所以如果你不知道最先接受公司變化的人會是誰，現在是時候找到他們了。

公司中也可能會有人抵制任何改變。一旦宣布變革，可能需要特別說服他們，才能讓他們接受公司的改變。還有一些員工可能會保持中立，觀察事態發展後再決定是否接受這一改變。

如果你的公司最近發生了很多變化，你可能會發現員工對總在變化的事情感到十分厭倦。提前為改變作好準備，可以使其發揮長期效果。

在團隊準備變革之前，你要對員工的敬業度有所了解，因此你要仔細注意團隊成員的士氣。積極參與團隊工作的員工往往更樂於接受改變，因為他們會為公司的成功盡心盡力。

在變革期間，要更加注意公司的使命，以便團隊成員能了解全局。致力於達成你的要求的員工，他們會更容易接受那些推動公司成功的變革。同時，要經常討論近期公司的變革給員工帶來的變化。

傾聽員工的意見一直很重要，這在變革期間更是關鍵。花點時間聆聽他們的顧慮，盡快解答他們的疑惑。在公司中，小道消息傳播的速度非常快，因此你要盡可能保持訊息開放、透明，避免不良訊息在公司中傳播。在變革之前，你無法透露過多訊息給員工，因此請仔細計畫如何向員工宣布公司的變革，並留意後期要如何跟進事態的發展。

傾聽員工的意見，加強大家的使命感，找到公司中率先接受變革的人。這會為變革成功奠定堅實的基礎。

結語

作為管理者，你可以預料到自己即將會面臨許多頗具挑戰的狀況，也就是本章所討論的狀況。不管是內部資源還是外部資源，都可以幫你避免潛在危險。因此，你需要了解這些資源，並與員工建立良好關係。不可否認，有些問題十分棘手，但有些問題一旦你了解了背後緣由，就會感到非常有意義。

Chapter

07 辨識法律陷阱

《美國身心障礙者法》（ADA）、《公平就業機會》（EEO）、《家庭與醫療假法》（FMLA）、《就業年齡歧視法》（ADEA）、《公平勞工標準法》（FLSA）和《全國勞資關係法》（NLRA）都是管理者需要了解的法規。本章節主要討論合法面試中常見問題、休假要求、報復行為、工會活動、騷擾、自由就業、加班和休假時間、無勞動能力以及歧視行為等事項。提醒管理者在特殊情況下能做什麼、不能做什麼以及為什麼這麼做。

★編注：此章節內容皆為美國法規條款

😐問題：

我注意到部門中有些員工經常在休息時聚集在一起竊竊私語，我也聽說他們會在工作之外的聚會上討論個人薪資和工作分配等問題。針對這種情況，我是否應該在下次員工會議上對他們的行為有所警示？

答案：作為管理者，你能夠及時敏銳地了解到員工的情況，這一點非常好。但此時不適合向員工透漏你的意見。相反，你應該立即向高階管理層或人力資源部門反映這種情況，讓他們處理此事。這極有可能是工會組織的行為，因此應儘快尋求法律顧問的建議。

《全國勞資關係法》（NLRA）規定，所有員工都有權組織、建立、加入、協助一個工會或成為某個工會的代表，有權透過自己選擇的代表進行集體商議，也有權參與協同活動以實現互相幫助、互相保護，例如，他們有權討論就業條款和就業條件等問題。如果員工參與了工會組織，或僅僅是討論他們的薪資和工作分配問題，這些都屬於協同活動，管理者應該反思是否採取了某些不公平的勞動行為：像是以工作為由威脅他們，將減少他們的福利、降職或解僱（威脅）；質問員工是否參與工會活動（審訊）；如果員工保證不參加工會活動，就承諾給予福利，給他們升職或加薪（承諾）；無論是在公司內還是公司之外，工作時間還是非工作時間，一直監督員工是否參與工會相關活動（間諜）。

工會活動通常要遵循「國家勞動關係委員會」的流程，其中包括組織活動（你可能親眼目睹過），有興趣加入工會的員工簽署授權卡，申請認證，參加選舉活動，以及協商單位投票決定是否成立工會。協商單位在其他一些情況下也會承認工會的成立，例如某個工會說服管理者承認他們，或說服管理者幫助證明他們的身分。工會可以藉由讓管理部門無意中統計授權卡來達到這個目標，從而使公司有義務與工會進行協商。在這種情況下，員工必須非常謹慎地決定是否認同工會。因為在這一過程中，若管理者介入就會被視為採取不公平的勞動行為。

你應該明白，任何員工都可能是工會代表。如果他們直接與你接洽，請不要查看工會代表試圖給你的任何員工名單、帶有姓名的卡片或信件，或接受員工試圖交給你的相關文件。

😐問題：

我知道管理者不能因為某些具體保護措施就差別對待某個員工，但如果有些員工提出虛假索賠或散布不實謠言，該怎麼辦？我可以做些什麼呢？

答案：聯邦、州和地方各級都制定了相關法律，保護員工免受歧視。美國主要聯邦法律包括有：《一九六四年民權法案》第七章規定禁止種族、膚色、宗教、國籍和性別歧視；《就業年齡歧視法》規定禁止歧視四十歲以上的員工；《美國身心障礙者法案》及其修正案規定，禁止歧視患有身體或精神殘疾的人士；《同酬法》規定禁止由於性別不同而採取不同的薪酬規定。如果員工受到歧視，他們有權依據這些法規向「公平就業機會委員會」（EEOC）提出索賠。

除《同酬法》之外，非歧視性法律涵蓋所有僱傭條款和情況，如招募、薪資、福利、晉升、培訓、績效管理、解聘和懲戒等。如果一個員工與承擔類似工作的員工所受待遇不同，這就是差別對待，他們理應受到法律保護。

報復也是一種歧視形式，員工不得因指控公司歧視行為、參與歧視訴訟或以其他方式反對歧視行為，而被解僱、降職、騷擾或受到任何其他方式「進行報復」。

你可能會因為員工提出虛假的歧視索賠而對其進行紀律處分，但別人可能會認為你是在報復該員工，因為他採取了受保護的活動（提出歧視索賠）而遭受到不利行為（紀律處分）。受保護的活動還包括反對他們認為的非法行為或投訴就業歧視，例如向任何人投訴對自己或他人的疑似歧視行為，威脅要提出歧視指控，或拒絕服從有理由認為是歧視的命令。

如果相關員工向EEOC提出歧視索賠，你就不應該再與員工討論索賠事項，因為這個過程需要不受干擾。即使是在公司內部提交的索賠，你也不應干預調查。無論哪種索賠方式，都要提供相關事件或員工的所有事實情況。內部流程或外部流程的目的，都是揭示事實真相以確定發生了什麼。

如果某員工正在與團隊中的其他成員談論投訴內容，並且他的行為已經對公司造成影響，你就應該針對這種行為與高階管理者或人力資源部進行溝通。你或公司中的任何人都可以向員工強調公司對工作場所的行為要求。

😐問題：

我的公司是採行「僱用自由意志原則」（employment-at-will），我認為這代表員工可能隨時遭到解僱，不過聽說我們必須先進行繁瑣的指導和績效改善程序。我想成為一名公平的管理者，但我不知道如何去做。「僱用自由意志原則」的實際含義是什麼？

答案：很多人可能不了解「僱傭自由意志原則」一詞。這意味著員工受到無限期聘用卻沒有書面僱傭合約（通常只會與高階員工簽訂這些合約），或直接與代表員工利益的工會簽訂「團體協約」（Collective bargaining agreements）。「自由」代表無論是僱員還是僱主任何一方，都可以隨時以任何理由自由終止僱傭關係。

隨著時間的發展，聯邦和州都已經制定了完善的法律來保護員工的權利（例如《一九六四年民權法案》第七章、《美國身心障礙者法案》和《就業年齡歧視法》），這些以及類似的其他法案都根據某些具體特徵（像是種族、性別、國籍、殘疾狀況或年齡超過四十歲）保護員工權利不受損害，並且不能根據這些特徵對不同的員工有差別待遇。

團體協約通常只針對不良僱傭行為。除了團體協約和制定保護員工權利的法律外，根據國家規定和判例法的要求，僱傭自由意志原則並不包含以下事項：

- 公共政策。當員工行使合法權利（報告危險工作條件、揭發或舉報歧視行為）或履行法律義務（如陪審義務或參軍義務）時，不能遭到解聘或對其採取其他不利措施。
- 默示合約，雇主會在其中暗示對員工的工作保障（例如，「繼續好好工作，只要我們簽訂合約，你就能擁有一份工作。」）。法院已經發現有公司在法規和手冊中的陳述暗示了這種含義。
- 真誠公平的交易契約，禁止雇主有危害或懲罰員工的行為。例如在員工即將退休時故意終止與他的合約，由此拒絕支付他們退休金，或在完成一項交易後、支付大額佣金之前，解聘銷售人員。

你作為管理者，公平對待每個員工可能是由於公司制定了相關規定來維持公司紀律，促進績效改進。不能夠因為僱傭自由意志原則就隨意解聘員工，這是十分不明智的行為。反之，你應該及時察覺員工在工作中遇到的任何問題或困難，及時與他們溝通，採取補救措施來幫助他們解決問題。如果員工違反了公司的行為準則，也應該對他們的錯誤記錄在案並及時糾正，你可以向公司的人力資源部門或上司尋求指導。

😐問題：

有一名員工在一項大型專案中經常每天加班三到四小時。她不想要加班費，只想在工作不是很忙的時候有更多時間陪陪孩子。我想滿足她的要求。我能這樣做嗎？

答案：你想要支持員工平衡工作與生活的需求，這一點很好。的確，現今彈性的工作十分重要。但是你需要考慮一些其他事項。

美國《公平勞工標準法》（FLSA）規定員工一週工作的時間。FLSA規定標準的工作時間是每週四十個小時，私人企業的一般員工如果一週工作時間超過四十小時，就必須得到加班費（加班費是正常薪資的一．五倍）。雇主可以彈性地設定一週的工作時間，但是設定的工作時間要固定且規律。公共部門的雇主可能會給予補假，而不是支付加班費。

加班費是根據實際工作時間計算，而非補償時間計算的。如果在工作日裡有假日，那麼員工拿到的應該是假日薪資，這八個小時的假日薪資就不屬於四十個小時的工作時間。

你可能聽說過豁免員工（通常指非時薪制員工）和非豁免員工。負責管理FLSA的美國勞工部通常認為，所有員工都有資格享受加班費，除非他們符合加班規定的豁免條件。要獲得豁免資格，雇員必須滿足薪資基準檢驗，同時必須滿足特定的工作職責檢驗。工作職責檢驗的豁免類別包括：管理人員、行政人員、專業人員、高薪人員、程式人員和外部銷售人員。你可以透過美國勞工部的網站（www.dol.gov/whd/FLSA，此為英文網站）查看更多詳細資訊。當然，在決定一個員工的職位是豁免還是非豁免之前，你應該檢查一下公司的內部資源，例如法律或人力資源。

如果你問題中的員工在非豁免的職位，你可以允許她提前下班，只要她在同一週的工作時間內彌補即可。如果她是在下週才把時間補上，你就得給她加班費。FLSA的規定很明確，雇主不能在兩週或兩週以上的時間對員工的工作時間進行平均。

另一方面，如果該員工無需加班，那麼你可以在沒有內部因素的情況下給予她更多彈性。不論如何，你都要避免表現出偏袒。如果非豁免員工看到他們的豁免同事享有更多彈性，他們可能會感到不公。你要把這些差異告訴他們，讓他們明白，豁免員工和非豁免員工之間的區別是法律規定，而不是公司規定的。同時你要確保非豁免員工的合法權益得到保障。

😐問題：

我剛得知在我出差期間，一名員工總是遲到，因為他要去醫院探望生病的祖母。他和祖母感情很好，祖母生病讓他非常難過。我想表達對他的支持，我能根據《家庭與醫療假法》建議他休假嗎？

答案：作為管理者，你能發現員工生活中出現可能影響工作的事情，而且想幫助他度過難關，這很棒。

《家庭與醫療假法》（FMLA）為某些符合條件的員工提供長達十二週的工作保護假。符合FMLA規定的休假不需支付薪資，雇主可以將其與其他類型的休假（如病假或假期）進行協調。

雇員所在的企業必須有至少五十名員工，且必須至少工作十二個月（工作時間並不需要連續，也就是說，就業期間可能有中斷，但總時長必須達到十二個月）。此外，該雇員在前十二個月工作時長需達到一千二百五十小時。

符合規定的情況如下：

- 孩子出生或安置領養的孩子。
- 照顧患有重病的家庭成員。FMLA規定，家庭成員包括配偶、父母、未成年子女（親生、領養、收養、過繼），包括因殘疾而無法自理的成年子女，公公、婆婆和祖父母並不包括在內。以下情況例外：當員工未成年時，是由祖父母代替父母扶養他們。

● 員工自身的健康狀況使他們無法勝任工作。

ＦＭＬＡ的休假也適用於符合以下條件的員工：家庭成員被徵召入伍，或需要照顧服役期間生病或受傷的家庭成員。

雇主必須遵守ＦＭＬＡ的記錄和通知要求。雇主有權收到雇員的通知和醫療診斷證明，由於這些要求可能是十分普遍，所以當員工根據該法要求休假時，最好與人力資源部門進行合作。

在你所描述的情況下，除非員工的祖母撫養他長大，並在他還是孩子的時候就代替父母成為他的監護人，否則他無法享受ＦＭＬＡ的休假。你應該和人力資源部確認，在這種情況下，公司能否提供另一種形式的休假，例如私人休假。他也可以在祖母住院期間或之後（如果員工需要提供額外照顧），彈性調整工作時間，或進行遠距辦公。

😐 **問題：**

有一名員工告訴我，另一個部門發生了騷擾事件。那個部門的人透露，有個女

員工受到性騷擾，這位員工認為她主管可能是罪魁禍首。我覺得自己應該做點什麼。我應該介入還是直接忽略呢？

答案：你的直覺是對的。當雇員投訴性騷擾時，雇主必須嚴肅對待。作為一名管理者，當你發現騷擾行為時，必須有所作為。無論是某人直接告訴你，他們受到了騷擾，還是你收到他人的報告，你都必須將情況提前告知公司相關的負責人員。如果你不這樣做，你將對自己的不作為負責。

性騷擾是非常嚴重且經常發生的不當行為。騷擾者可能是員工、管理者，甚至是客戶，騷擾對象可能是同性也可能是異性。騷擾行為可能是口頭、身體的、書面的或圖片。製造滿懷敵意或令人生畏的工作場所，並干擾員工工作，這些行為都是騷擾。

美國最高法院曾表示，如果騷擾者是主管，並且其騷擾行為導致某些直接結果，例如不給被騷擾的員工升職或加薪，那麼雇主將對這種惡劣的工作環境負重大責任。即使騷擾者不是主管，如果雇主未能阻止騷擾的發生，他也是失職的。公平就業機會委員會（EEOC）公布的指導方針是：如果雇主制定了防止或及時糾正騷擾行為的規定和程序，他們就可以避免承擔責任或只承擔一部分責任。雇主應該制定規定，禁止騷擾行為，並列出騷擾行為，禁止對投訴者或報告騷擾行為的人進行報復。此外，公司應該建立投訴和調查流程。雇主需要告知雇員關於公司的規定和投訴流程，透過言語和行動讓他們明白，如果經過調查認定是騷擾行為，公司將立即採取糾正措施。

平等就業機會委員會還表示，無論管理者透過何種途徑收到訊息，他們都應按照公司的規程處理或呈報騷擾事件，這樣可以顯示出雇主對員工的關心。員工是否遵守投訴流程無關緊要，重點在於處理和糾正騷擾行為。

在你的問題中，你是公司的管理者和代表，你知道一些潛在的不法行為。法院和平等就業機會委員會清楚地知道，如果雇主明確知曉或應該知曉這些騷擾行為，那麼就難以自辯清白。除了法律責任，你還要確保工作環境是積極正面的。在這種情況下，不要直接介入，而是試著與其他部門的員工或主管交談。向有權受理投訴並進行調查的人（通常是法律或人力資源部）說明你知道的情況，他們受過處理這些問題的訓練。

😐 問題：

我有一名員工在一次事故中受傷，他將因工傷休假而無法工作。我不知道他什麼時候會復職，但他告訴我復職後可能需要調整工作。他是否在《美國身心障礙者法》的保障範圍內呢？

答案：提前問這個問題是明智的，因為這是一個讓管理者和員工都感到困惑的問題。並非所有受傷或生病的員工都可以被劃分為殘疾者行列，即便他們能享受到雇主的短期或長期殘疾計畫和福利。根據《美國身心障礙者法》（ADA），殘疾指的是：

- 有身體或智力缺陷，嚴重限制了一個或多個主要的生活活動。
- 有傷殘記錄。
- 被認定為傷殘。

符合這一定義的人必須有資格履行工作的基本職能，無論他是否有合理的專用空間。在ADA中有許多層級，需要法律或人力資源部門進行研究。例如，一項主要的生活活動定義為：普通人沒有困難或幾乎沒有困難就能完成的事情，例如聽力、說話或呼吸。合理的調整是指對工作、辦公環境或一般做事方式的修改或改變。基本的工作職能，是指對該職位至關重要的職責或責任。

生病或受傷的員工通常會受到很多限制，無法獨自完成一項或多項生活活動。關鍵是，你要考慮到這些限制是暫時的還是永久的。顯然，如果員工在事故中遭受的傷害帶來了永久性的生活不便，那麼按照《美國身心障礙者法》的定義和標準，該員工就是殘疾者。如果他需要在不影響公司業務的情況下調整工作，那麼你有責任滿足他的需求。按照ADA的規定，如果你不這樣做，就是歧視殘疾人士。

相反，暫時休假的員工通常是因為不符合《美國身心障礙者法》規定的臨時狀況或殘疾標準，從而休假進行身體恢復。如果員工享受了殘疾保險或工傷補償，承保人和員工的醫生可能會希望雇員儘快返回工作崗位，即使是調整後的工作職位。調查發現，兼職工作或負擔責任的工作有助於員工康復，提升員工幸福感。當你的員工建議調整他的工作職責時，他可能指的是調整後的工作安排。

讓員工與公司的法律或人力資源部門合作，因為他們更加了解《美國身心障礙者法》和有關殘疾人士的計畫。員工可以直接從他們那裡得到有用的訊息。如果員工需要根據《美國身心障礙者法》對工作進行必要調整，或根據殘疾專案進行調整，則應採取綜合方法——一種適合法律、人力資源、員工及其醫療服務提供者和你這個管理者的方法。

😐問題：

來自不同部門的兩名員工對我們部門的空缺職位很感興趣。一個剛滿四十二歲，另一個是五十多歲。我會對他們進行面試，但我對五十多歲的員工持保留態度，畢竟他們都超過四十歲，我應該擔心年齡歧視問題嗎？

答案：選合適的人填補空缺職位，這是管理者要做的最重要的事情之一。對此有很多因素需要考慮，包括公平地對待每個人，避免對任何人的非法歧視。很高興你能在選拔開始之前問這樣的問題。

《就業年齡歧視法》（ADEA）規定，歧視年齡超過四十歲的勞工是違法的。這適用於所有就業決策，例如招募、晉升、補償或解聘。大多數管理人員沒有意識到ADEA還禁止歧視受保護年齡層內的個人，你面對的是兩個年齡均超過四十歲的人，而其中一個年齡偏小。如果由於年齡差異而決定僱用兩個之中較年輕的一個，就視為年齡歧視，因為該決定是根據員工的年齡而不是完成工作的能力。

你要明確知道自己之所以不選擇年齡較大者的真正原因。在內部應徵者中進行選擇的優勢在於：你可以清楚知道每個人的就業經歷。他們表現出色嗎？存在怎樣的問題？他們有何成就？這些都是有效資訊，可以幫助你做出明智公正的決定。但是，如果你發現自己在考慮或假設年齡較大的應徵者缺乏彈性或最新技能，那麼你難免會在決策過程中有所偏見——這是潛在的歧視。

你說打算對他們進行面試，如果他們都有資格勝任這份工作，你確實應該這樣做：首先，他們都是內部應徵者，承認他們的貢獻和對潛在晉升的渴望，這是一種良好的員工關係。其次，即使其中一個背景看起來更強，但另一個的表現也可能會出乎你的意料。你可能在與他面談時發現履歷上沒有表現出來的優點。你應該以開放的心態公正地進行面試，並專注於工作的要求。

☹問題：

當我在進行面試時，我想了解他們的一些情況，以確保他們能夠融入公司和團隊。我知道有一些事情不能問。你能告訴我，我不能問什麼以及我為什麼不能問嗎？

答案：選擇能夠融入團隊的面試者當然很重要，這是招募過程中非常重要的一部分，但最重要的是了解與工作相關的事實。面試應該要聚焦於面試者所應聘的職位。如果你詢問私人問題，可能會受到鄙視。以下我們來了解一些潛在的法律陷阱：

- 「我發現我們上的是同一所大學。你哪一年畢業的？」

陷阱：這個問題有可能顯示面試者的年齡。討論你的母校當然可以，但應該只問與他們學習領域相關的學術和活動的問題，以及與他們應徵工作的相關問題。

- 「我看到你在大學裡的『聖約之子會多元化思想青年寫作挑戰賽』中獲獎。你還加入過哪個團體組織嗎？」

陷阱：這有可能揭示面試者的宗教信仰，但與工作無關。你最好只詢問面試者是否參與了和工作有關的專業或技術組織。

- 「我們附近有一個很好的托兒所。你需要申請嗎？」

陷阱：如果你詢問在一定年齡上可能有小孩的所有求職者這個問題，無論是男性還是女性，或許沒有問題。這有可能揭示家庭狀況和婚姻狀況。讓人力資源部門負責處理有關公司福利的相關問題。作為管理者，你無需知道面試者需要什麼福利。

- 「我們公司擁有強大的團隊文化，我們經常進行團隊建立。順便問一下，你玩什麼運動呢？」

陷阱：你假設面試者喜歡運動。如果你只詢問男性這個問題而不問女性，那麼你就有性別歧視的嫌疑。此外，面試者可能有殘疾——一個不可見的殘疾，這樣你就有了殘疾歧視的嫌疑。了解這個人如何在團隊中工作是毫無問題的。但最好是詢問他們之前團隊合作的經驗，以及這些團隊參與的團隊建立活動類型。

面試中提出的問題應該與應徵者將要從事的工作有關——這些問題將幫助你確定應徵者是否具備必要的知識和技能，如果有必要的話，還需要具備相關經驗。你可以問一些問題來幫助你確定這個人是否能滿足其他的工作要求（例如能夠在規定的工作時間內完成工作），或者工作以外的職責，這些職責會干擾特定的工作要求（例如出差），這將幫你做出明智決定。

結語

公司營運的外部法律和監管環境必須是動態的。法規在不斷發生變化，因此不能指望管理者成為法律專家，但作為管理者應該了解這些問題，以便謹慎行事並知道自己需要諮詢哪些問題。你所遇到的每一種情況的解決方案，最終應該根據具體情況而定，並且要適當進行法律諮詢。

參考書目

第一章

1. 特倫特・漢姆（Trent Hamm），《聲名顯赫的華倫・巴菲特》（*Warren Buffett on Reputation*），2008年4月18日，簡單美元網站，https://www.thesimpledollar.com/

第三章

1. 《Y、X和嬰兒潮世代狀況的第三次年度研究》。2014年11月19日，由PayScale和Millennium Branding公司共同進行的研究。
2. 凱業必達新聞稿，2017年9月14日。

第五章

1. 特蕾莎・麗莎（Tereza Litsa），《情感連結如何提高顧客滿意度》，2016年9月15日，ClickZ行銷技術轉型網站，*www.clickz.com/how-Emotional-Connection-increase-customers satisfaction/105775/.*
2. 梅格・馬爾科（Meg Marco），《Zappos送你鮮花》，2007年10月16日，消費主義網站，*https://consumerist.com/2007/10/16/zappos-sends-you-flowers/.*

術語表

- 意外（Accident）：造成身體傷害或財產損失的意外事件。
- 應付帳款（Accounts Payable）：公司欠經銷商和供應商的錢。
- 應收帳款（Accounts Receivable）：顧客欠公司的錢。
- 行動計畫（Action Plans）：一個單位、部門或團隊為達成短期目標而採取的詳細步驟。
- 主動傾聽（Active Listening）：傾聽者完全集中注意力，理解並回應說話者，確保溝通交流的訊息完整且正確。
- 《就業年齡歧視法》（Age Discrimination in Employment Act，ADEA）：美國禁止歧視四十歲及以上人士就業的法案，除非年齡是出於善意設置的職業資質。
- 替代性人力僱用（Alternative Staffing）：使用其他招募管道僱用臨時人員，也稱為彈性員工。

- 《美國身心障礙者法》（Americans With Disabilities Act，ADA）：禁止因員工殘疾而對其進行歧視的法案。
- 資產（Assets）：公司所擁有的資金、有形資產以及無形資產。
- 資產負債表（Balance Sheet）：公司在特定時期的財務狀況報表。
- 平衡計分卡（Balanced Scorecard）：一種衡量績效的方法，根據資金、客戶、內部業務流程以及學習和成長方面的目標，提供一個公司績效的總體圖表。
- 基本薪資（Base Pay）：雇員得到的基本報酬，通常指的是工資或薪資。
- 行為面試（Behavioral Interview）：一種面試方式，主要關注應徵者之前處理實際工作的方式。
- 偏誤（Bias）：當一個人的價值觀、信仰、偏見或先入為主的觀念扭曲了他的決定和行為時所產生的結果。
- 損益平衡分析（Break-Even Analysis）：對專案總收入是否等於專案總成本的情況分析。
- 營運持續計畫（Business Continuity Planning）：辨識對公司有潛在威脅和影響的管

理過程，提供一個框架以確保能夠承受干擾、中斷或常規業務營運的損失。

- 生產力（Capacity）：一個公司內營運部門的產出能力。
- 職涯發展（Career Development）：一個人在職業生涯中所經歷的一連串階段，每一個階段都有相對獨特的問題、主題和任務。
- 職涯規劃（Career Planning）：個人為了工作與生活的明確方向而採取的行動。
- 因果圖（Cause-and-Effect Diagram）：將問題或意願結果與原因相連結的圖。
- 集權化（Centralization）：在公司中只有高階管理層才享有決策權。
- 《一九九一年民權法案》（Civil Rights Act of 1991）：該法案增加了故意歧視的損害賠償金，包括補償和懲罰性損害賠償；在涉嫌故意歧視的案件中給予原告陪審團起訴的權利。
- 封閉式問題（Closed Questions）：通常可以用是或否來回答的問題。
- 教練（Coaching）：主管和員工之間經常性的會談，討論員工的職業目標。
- 倫理守則（Code of Ethics）：公司內引導決策和行為的準則。
- 集體協商（Collective Bargaining）：管理者和工會代表在指定時間內，針對雇員的僱傭條件進行談判。

- 團體協約（Collective Bargaining Agreement）：透過集體談判達成的協議或合約。
- 委員會（Committee）：為了完成特定公司目標而聚集召開。
- 普通法（Common Law）：習俗和慣例具有法律效力，即使並未在制定、編纂、成文的法律中明確規定。
- 能力（Competencies）：包括技能、知識、才能和個人特質的表現，是完成工作的關鍵，也是在公司中執行特定任務所需要的要素。
- 職能模式（Competency Model）：要完成某一特定工作的所有能力總和。
- 壓縮工時（Compressed Workweek）：將工作日的時間壓縮成數天來完成工作。
- 建設性衝突（Constructive Confrontation）：一種以行為和表現為重點的介入策略。
- 推定解僱（Constructive Discharge）：雇主讓工作環境變得無法忍受，員工別無選擇只能辭職。
- 消費者物價指數（Consumer Price Index，CPI）：衡量商品和服務的價格水準隨時間變化的指標。
- 控制（Control）：對經營部門來說，是事後評估公司滿足自身規模和顧客需求的能力。

- 成本效益分析（Cost-Benefit Analysis）：管理者決定特定活動和專案對公司獲利能力的財務影響策略分析。
- 諮商（Counseling）：一種干預方式，強調「問題的原因」而不是工作的表現。
- 批判性思考（Critical Thinking）：對於傳達給我們的訊息進行推理和判斷的過程。
- 分權化（Decentralization）：在組織中將決策權讓渡給較低層級。
- 誹謗（Defamation）：以虛假和惡意的陳述損害他人名譽，既可能是口頭的（口頭誹謗），也可能是書面的（書面誹謗）。
- 發展活動（Developmental Activities）：提高員工完成當前工作的能力，並為員工往後將承擔的責任做好準備。
- 直接薪酬（Direct Compensation）：員工收到的薪資，包括本俸、專業加給和績效獎金。
- 指引式訪談（Directive Interview）：面試官向應徵者提出具體問題來掌控過程的面試方式。
- 失能（Disability）：身體或智力上的損傷，嚴重限制一個或多個主要的生活活動，例如洗澡、穿衣等。

- 殘疾給付（Disability Benefits）：在社會保障制度下，如果殘疾勞工（以及符合條件的受養人）沒有達到領取社會保障的退休年齡，可以按月領取津貼。
- 災難復原計畫（Disaster Recovery Plan）：當公司因為嚴重自然災害（如地震、火災、龍捲風、洪水或颶風）造成資料損失時，啟動恢復的指南和程序。
- 差別影響（Disparate Impact）：受保護階層（受非歧視法律保護）的選擇率明顯低於最高選擇率的階層，也被稱為不利影響。
- 差別待遇（Disparate Treatment）：受保護的階層被故意以不同於其他員工的方式對待，或以不同的標準進行評估，就會出現這種現象。
- 遠距教育（Distance Learning）：將教育課程以線上方式傳輸到遠離教室或上課地點的其他地方。
- 多樣性（Diversity）：人的特徵差異，可以包括個性、工作風格、種族、年齡、民族、性別、宗教、教育、工作層級等等。
- 誠信善意與公平交易義務（Duty of Good Faith and Fair Dealing）：在交易中，合約雙方都有誠實守信的義務。
- 數位學習（E-Learning）：使用電子媒體提供正式和非正式的培訓、教育資料、進程和計畫。

- 情緒智商（Emotional Intelligence，EI）：個人對他人情緒的敏感和理解，以及管理自己情緒的能力。
- 員工協助方案（Employee Assistance Programs，EAPs）：公司贊助的計畫，提供與健康相關的服務，由具有執照的專業人士或組織提供，並為員工高度保密。
- 雇主品牌（Employment Branding）：將一個公司定位為勞動力市場中「值得選擇的品牌」。
- 工作邀約（Employment Offer）：僱傭關係生效的正式程序，應立即按照最終決定聘用一名應徵人，透過邀約信函進行正式溝通。
- 僱傭自由意志原則（Employment-at-Will）：普通法原則規定雇主有權以任何理由僱傭、解僱、降級和提拔任何人員（除非違反了法律或合約），雇員也有權隨時辭職。
- 環境監測（Environmental Scanning）：調查和解釋相關資料以辨識外部機會和威脅。
- 公平就業機會委員會（Equal Employment Opportunity Commission，EEOC）：負責執行非歧視法律和處理投訴的美國聯邦機構。

- 《同酬法》（Equal Pay Act，EPA）：透過要求同工同酬來禁止薪資歧視的法案。
- 權益（Equity）：企業所有者或股東的持股份額。
- 基本職能（Essential Function）：稱職的員工不論其職位如何，必須能夠履行主要的工作職責。一個職能如果是工作所必需的，或者是非常專業的，那麼該職能就必不可少。
- 倫理（Ethics）：建立適當行為的道德準則和價值體系。
- 獵頭公司（Executive Search Firms）：外部招募方式，幫助公司尋找執行、管理或專業職位的職缺候選人。
- 豁免員工（Exempt Employees）：被排除在《公平勞工標準法》加班費要求之外的員工。
- 外在報酬（Extrinsic Rewards）：獎勵，如薪酬、福利、獎金、晉升、成就、休假、更多自主權、特殊任務等。
- 《公平勞工標準法》（Fair Labor Standards Act，FLSA）：是美國規範員工加班狀況、加班薪資、童工、最低薪資、記錄保存和其他行政問題的法案。
- 《家庭與醫療假法》（Family and Medical Leave Act，FMLA）：當員工出現嚴重健康

狀況，和必須照顧家庭成員時，為員工提供長達十二週的無薪假。

- 第一印象錯誤（First-Impression Error）：面試官對應徵者的偏見，即面試官根據第一印象快速作出判斷（無論是正面還是負面的），使面試過程不公正。
- 彈性人力制（Flexible Staffing）：透過其他招募來源和非正式員工，也被稱為替代性人力僱用。
- 彈性工時（Flextime）：一種工作時程表，要求員工每週工作一段時間，但開始和結束的時間可以不同。
- 公式預算法（Formula Budgeting）：編製預算的形式，對可比較的費用採用平均成本，一般資金則按特定數額變動。
- 欺詐性錯誤陳述（Fraudulent Misrepresentation）：以傷害他人為前提進行故意欺詐。
- 功能式結構（Functional Structure）：一種公司結構，根據各部門對公司整體任務的貢獻來定義部門職責。
- 甘特圖（Gantt Chart）：專案規劃工具，按順序顯示專案的活動，並根據時間繪製圖表。
- X世代（Generation X）：大約在一九六五年至一九八〇年間出生的人群。

- Z世代（Generation Z）：大約在一九九七年至二〇一四年間出生的人群。
- 目標（Goal）：通常是一句話的宣言，明確說明部門、專案或計畫的目的和意圖。
- 國內生產毛額（Gross Domestic Product，GDP）：一個國家某一年生產的商品和服務估算的總價值。
- 毛利率（Gross Profit Margin）：衡量生產產品的成本和售價之間的差額。
- 團體面試（Group Interview）：一種面試方式，即多個應徵者同時接受一個或多個面試官面試，或者一個機構的多人面試一位求職者。
- 暈輪效應（Halo Effect）：面試官對應徵者產生的偏見，即面試官將應徵者的一個優點掩蓋了其他所有訊息。
- 尖角效應（Horn Effect）：面試官對應徵者產生的偏見，即面試官將應徵者的一個缺點掩蓋了其他所有訊息。
- 敵意環境性騷擾（Hostile Environment Harassment）：一種騷擾，即性或其他性騷擾行為已嚴重和普遍影響工作，以致妨礙個人績效；或是創造了一個令人生畏、使人感受到威脅或羞辱的工作環境；或者讓影響員工心理健康的情況持續下去。
- 人力資本（Human Capital）：員工的綜合知識、技能和經驗。

- 默認契約（Implied Contract）：雇主與雇員之間沒有明確的協議，但在工作環境中隱含的協議是存在的。
- 代位家長（In Loco Parentis）：這個術語用於擴大FMLA包含的員工，包括那些承擔父母責任照顧孩子或以經濟支援孩子的員工，或代替父母照顧並負擔經濟支援責任的員工。
- 激勵性薪資（Incentive Pay）：一種直接薪酬，雇主為激勵員工，依據其超出預期的績效支付薪酬。
- 突發事故（Incident）：在可接受標準內的任何偏差。
- 損益表（Income Statement）：在一段特定時間內，通常是一年或一季，統計收入、費用和利潤的財務報表。
- 漸進預算（Incremental Budgeting）：預算編製形式，以之前的預算為基礎來進行資金分配。
- 間接薪酬（Indirect Compensation）：一種通常稱為福利的補償形式。
- 內部公平（Internal Equity）：當人們認為績效或工作差異出現相應的薪酬差異時，就會出現這種結果。

- 內在獎勵（Intrinsic Rewards）：有意義的工作、高績效的回饋、自主權以及其他能夠讓員工感到滿意的因素。
- 存貨（Inventory）：對營運部門而言，除了物理建築和設備之外的主要資產。
- 非自願離職（Involuntary Termination）：當雇主因某些原因（如工作表現不佳或違反雇主規定）解僱特定雇員時發生的情況。
- 工作分析（Job Analysis）：對工作進行有系統的研究，以確定它們包含哪些活動和責任、相對重要性以及與其他工作的關係、執行工作所需資格以及工作條件。
- 職業倦怠（Job Burnout）：為了達到工作上不切實際的目標，過度努力而造成身體或精神消耗。
- 職位說明（Job Description）：職位最重要特徵的摘要，包括必要任務、知識、技能、能力、職責和報告。
- 知識（Knowledge）：一個人的學習程度，以回憶特定事實的能力為特徵。
- 領導力（Leadership）：個人影響一個團體或實現目標的能力。
- 學習型組織（Learning Organization）：能夠適應環境變化的組織。
- 學習風格（Learning Styles）：個人學習和處理訊息的方式。

- 負債（Liabilities）：公司的債務和其他財務義務。
- 終身學習（Lifelong Learning）：為了個人或專業發展而不斷學習。
- 長期目標（Long-Term Objectives）：公司在履行使命時，在三至五年中所要獲得的具體成果。
- 管理者（Management）：指導日常組織運作的人員。
- 行銷（Marketing）：計畫、定價、促銷和分配商品與服務以達成組織目標。
- 矩陣式結構（Matrix Structure）：一種組織結構，將部門劃分和功能劃分結合起來，以獲得兩者優勢。
- 調解（Mediation）：非約束性爭議的解決方法，包含幫助爭議方達成共識的第三方，也稱為調停。
- 指導（Mentoring）：兩個人之間以發展為導向的關係。
- 績效薪資（Merit Pay）：以個人表現為加薪金額或加薪時間基礎，也稱為績效基礎薪酬。
- 千禧世代（Millennials）：大約在一九八一年至一九九七年之間出生的人，也被稱為Y世代。

- 使命宣言（Mission Statement）：一份聲明，具體說明公司業務、客戶，以及工作上的優先事項。
- 動機（Motivation）：隨著時間的推移，開啟、指導和維持行為的因素。
- 《全國勞資關係法》（National Labor Relations Act，NLRA）：保護員工的組織權能不受管理層束縛，也被稱為《瓦格納法案》。
- 國家勞動關係委員會（National Labor Relations Board，NLRB）：有權進行工會代表選舉和調查不公平勞動行為的美國機構。
- 需求評估（Needs Assessment）：確定組織需求以幫助組織實現目標，也稱為需求分析。
- 過失性僱傭（Negligent Hiring）：對員工背景合理的事先調查，雇主知道或應該知道雇員會為工作場所中的其他人帶來風險。
- 過失性留用（Negligent Retention）：指在工作時間內和工作時間外都有不當行為的員工。
- 非指導式面試（Nondirective Interview）：一種面試方式，面試官提出開放式問題，提供大致方向，但允許求職者主導面試過程。

- 非豁免員工（Nonexempt Employees）：符合FLSA規定的員工，包括加班費要求。
- 職業病（Occupational Illness）：由於接觸與就業相關的環境導致工傷以外的醫療狀況或疾病。
- 職業傷害（Occupational Injury）：因工作有關的事故或接觸而造成傷害，包括工作環境中的單一事故引起的傷害。
- 《美國職業安全衛生法》（Occupational Safety and Health Act，OSHA）：該法案確立了第一個關於安全和健康的國家政策，並規定雇主必須達到的標準，以保證雇員的健康和安全。
- 職業安全與健康管理局（Occupational Safety and Health Administration，OSHA）：負責管理和執行一九七〇年《美國職業安全衛生法》的機構。
- 錄取通知書（Offer Letter）：正式傳達錄用通知的文件，讓招募的決定成為正式結果。
- 《高齡勞工保護法》（Older Workers Benefit Protection Act，OWBPA）：修訂了《美國就業年齡歧視法》，將所有雇員福利納入其中，還為被解僱的員工提供了集體解僱或退休計畫以及諮詢律師的時間。

- 到職（On-Boarding）：新員工融入組織的過程，通常持續六個月或一年。
- 在職訓練（On-the-Job Training，OJT）：在工作現場為員工提供培訓，示範如何完成工作任務。
- 開放式問題（Open-Ended Question）：不能用「是」或「不是」來回答的問題（例如，「告訴我你是怎樣想的」）。
- 組織文化（Organizational Culture）：在一個組織中，員工共同秉持的態度和觀念。
- 組織發展（Organizational Development，OD）：透過有計畫的干預措施，提高組織的有效性和成員福利。
- 組織退出（Organizational Exit）：管理員工離開組織的方式。
- 組織學習（Organizational Learning）：某些類型的學習活動或過程可能發生在組織中的任何一個層級。
- 組織單位（Organizational Unit）：組織中任何獨立的組成部分，有一定程度的監督責任並負責單位內員工的選拔、薪酬等。
- 定位（Orientation）：員工培訓的初始階段，涵蓋工作職責和程序、組織目標和策略以及公司規定。

- 再就業輔導（Outplacement）：失業或被解僱的員工進行職業自我評估，以獲得適合他們的才能和需要的新工作。
- 外包（Outsourcing）：彈性的人員配置方式，獨立、具有特定職能運作經驗的機構與一家公司簽訂合約，承擔該職能的全部營運責任。
- 加班費（Overtime Pay）：FLSA規定的非豁免員工一週工作超過四十小時後，薪資應是正常薪資的一．五倍。
- 小組面試（Panel Interview）：把有條理的問題分散到一個小組來面試。通常在相關領域最有能力的人負責問這些問題。
- 模型式面試（Patterned Interview）：一種面試方式，面試官向每個應徵者提出來自相同知識、技能或能力的問題，也叫焦點面試。
- 績效評估（Performance Appraisal）：衡量員工完成工作要求的程度。
- 績效管理（Performance Management）：使用績效評估工具、培訓和諮詢以及提供持續回饋，來維持或改善員工的工作績效。
- 績效標準（Performance Standards）：將管理層的期望轉化為員工能夠實現的行為和

結果。

- 政策（Policy）：反映組織對特定管理內容或員工活動的哲學、目標或標準的廣泛聲明。
- 立場式談判（Positional Negotiation）：在這種談判中，人們把自己鎖定在自己的立場上，很難擺脫，各方都忽視了要解決的根本問題，把重點放在贏得立場上。
- 預審面試（Prescreening Interview）：當一個公司有大量的工作求職者和面對面的面試時，需要一種有用的方法來判斷面試資格。
- 原則式談判（Principled Negotiation）：合約談判的類型基於四個前提：1.將人員與問題分開；2.關注利益而不是立場；3.共同利益優先；4.遵循客觀標準。
- 程序（Procedure）：對進行某個活動的方法，依步驟詳細描述。
- 流程分析（Process-Flow Analysis）：流程中的步驟圖表。
- 產品（Product）：公司用來銷售以賺取利潤的東西。
- 計畫評核術（Program Evaluation Review Technique Chart，PERT）：用於計畫、組織和協調內部任務的專案管理工具。
- 漸進式的懲戒（Progressive Discipline）：對員工紀律處罰日益嚴厲的制度。

- 專案（Project）：一連串的任務和活動，都有明確的目標、開始日期、結束日期，以及對資金和人力資源的使用設置有限制的預算。
- 專案團隊（Project Team）：為特定專案一起工作的一群人。
- 限閱資訊（Proprietary Information）：公司擁有的敏感資訊，讓公司具備一定的競爭優勢。
- 受保護階層（Protected Class）：受美國聯邦或州歧視法管轄的人；受EEO指定保護的群體包括婦女、非洲裔美國人、西班牙裔美國人、美國原住民、亞裔美國人、四十歲以上的人、殘疾者、退伍軍人和宗教團體。
- 定性分析（Qualitative Analysis）：根據開放式訪談來探究和理解態度、觀點、感覺以及行為的研究分析。
- 定量分析（Quantitative Analysis）：在有限數量的測量點上獲得易於量化的資料分析。
- 對價性騷擾（Quid Pro Quo Harassment）：雇員被迫對上司的性要求讓步，以免喪失經濟利益（如加薪、升職或繼續工作），由此而發生的一種性騷擾。
- 合理調整（Reasonable Accommodation）：修改工作程序或工作環境，使殘疾人士能夠勝任工作並履行其基本職能。

- 規章（Regulation）：政府機構公布的規則或命令，往往具有法律效力。
- 需求建議書（Request for Proposal，RFP）：一種書面請求的文件，要求承包商提出符合客戶需求的解決方案和價格。
- 履歷（Resume）：求職者（或被求職者聘用的專業人士）為凸顯求職者的優點和經驗所準備的文件。
- 報復性解僱（Retaliatory Discharge）：雇主因雇員從事受法律保護的活動（例如，提出歧視指控或反對雇主的非法行為）而懲罰雇員的行為。
- 留用（Retention）：留住組織中有才能的員工。
- 投資報酬率（Return on Investment，ROI）：將投資所賺取（或損失）的金額與投資金額進行計算後的百分比。
- 反向教導（Reverse Mentoring）：將年長員工與年輕員工配對的做法，這樣他們就可以相互指導（而非指導者始終是年長員工）。
- 風險管理（Risk Management）：使用保險和其他策略來降低組織在發生損失或傷害時所承擔的風險。

- 安全（Safety）：免受危害、風險或損失。
- 安全委員會（Safety Committees）：由參與策劃安全的不同層級和部門的工作人員所組成。
- 薪資（Salary）：無論員工工作多少時間，都支付他們固定的金額。
- 銷售（Sales）：負責將組織的產品銷售到市場的業務部門。
- 排程（Scheduling）：根據新進訂單、歷史訂單和對未來需求的預測，對經營部門進行詳細規劃。
- 安全措施（Security）：用於保護工作場所中的人員、財產和資訊的物理措施及程序。
- 甄選（Selection）：僱用最適合空缺職位的候選人。
- 部分面試（Section Interview）：針對感興趣的領域進行面試，以確定求職者滿足組織需求的程度。
- 年資（Seniority）：優先考慮工作時間最長的員工的制度。
- 嚴重健康狀況（Serious Health Condition）：美國《家庭與醫療假法》中規定，該詞意指需要住院、臨終關懷、住院治療或持續醫療護理的情況。

- 性騷擾（Sexual Harassment）：令人厭惡的性騷擾、性要求，以及其他與性有關的語言或身體行為。
- 短期殘疾保險（Short-Term Disability Coverage，STD）：在特定的一段時間內，為患病或非因工受傷的雇員彌補部分損失收入的保險。
- 短期目標（Short-Term Objectives）：為了實現長期目標，通常在六個月到一年之內必須實現的階段性目標。
- 病假（Sick Leave）：員工患病或非因工負傷而獲得全額薪資的一段特定時間。
- 控制幅度（Span of Control）：向主管直接匯報的人數。
- 幕僚單位（Staff Units）：透過執行人力資源、財務、採購或法律等專業服務來協助組織的工作小組。
- 人員配置（Staffing）：確定組織的人力資本需求，為組織的工作提供足夠的稱職員工。
- 標準（Standards）：營運部門衡量產量和品質的標準。
- 刻板印象（Stereotyping）：面試官偏愛的類型像是特定性別、宗教或種族，他們如何表現、思考、行動、感受或回應。

- 策略管理（Strategic Management）：用於制定業務目標、實踐行動和策略的流程與活動。
- 策略規劃（Strategic Planning）：制定、開發、實施和評估跨職能的決策，使公司能夠實現目標。
- 策略思考（Strategic Thinking）：人們為自己和他人思考、評估、觀察和創造未來的過程。
- 策略（Strategies）：為組織實現長期目標提供方向的方法。
- 壓力（Stress）：因真正的壓力或感知的威脅，導致無法消除或應對的精神和身體狀況。
- 壓力面試（Stress Interview）：一種面試形式，面試官採取具有攻擊性的姿態，看看應徵者如何應對壓力狀況。
- 結構化面試（Structured Interview）：一種面試形式，面試官詢問每個面試者相同的問題，也稱為重複面試。
- 接班計畫（Succession Planning）：有系統地辨識、評估和培養領導人才的過程。
- 供應鏈（Supply Chain）：一種總體網絡系統，透過資訊、物流和現金設計流程，將產品和服務從原產地輸送給最終客戶。

- 強弱危機分析（SWOT Analysis）：收集有關組織當前優勢、劣勢、機會和威脅的工具。
- 人才管理（Talent Management）：用以吸引、發展、留用和使用具備所需技能和能力的員工，以滿足組織當前和未來的業務需求。
- 焦點面試（Targeted Interview）：一種面試形式，面試官詢問每位面試者相同知識、技能或能力的問題，也稱為模型式面試。
- 團隊面試（Team Interview）：一種面試形式，通常用於職缺的工作非常依賴團隊合作，主管、部屬和同事通常都是面試過程的一部分。
- 遠距工作（Telecommuting）：透過電腦和電信設備工作。
- 《一九六四年民權法案》第七章（Title VII of The Civil Rights Act of 1964）：在所有就業條款和條件中，禁止因種族、膚色、國籍、宗教和性別的不同而產生歧視或疏離行為。
- 總薪酬（Total rewards）：員工從雇主那裡獲得的所有形式的財務回報。
- 培訓（Training）：給予某項任務或工作所需的知識、技能和能力（KSA）。

- 轉型領導（Transformational Leadership）：一種領導風格，鼓勵員工去獲取令人滿意的成就，由此來激勵員工。
- 人員流動率（Turnover）：一種年度公式，記錄組織每個月的員工離職數量和員工總數。
- 工會（Union）：透過集體行動保護成員利益的正式員工協會。
- 價值觀（Values）：一套原則，描述組織的重要內容，引導員工行為，創立組織文化。
- 代負責任（Vicarious Liability）：一方可以對另一方的不法行為負擔責任的法律原則。
- 虛擬組織（Virtual Organization）：獨立組織之間的短期聯盟，在設計、生產和分銷產品方面具有潛在的長期關係。
- 願景宣言（Vision Statement）：組織所期望的生動、具指導性的未來形象。
- 健康計畫（Wellness Programs）：雇主提供的預防性健康計畫，旨在改善員工在工作中及工作之外的健康狀況。
- 勞動力計畫（Workforce Planning）：用於分析當前員工的基礎，並確定為滿足未來技能和勞動力需求，組織必須採取的步驟。

- 工作性殘疾（Work-related Disability）：因工作或工作環境而引起、加重、誘發或惡化的身體狀況（事故或疾病）。
- 工作週（Workweek）：任何固定、循環的一百六十八小時（七天×二十四小時＝一百六十八小時）。

致謝

寫書的過程如同一段旅程。在本書中，我們分享了在職業生涯遇到的一些情況以及從中得到的經驗教訓。我們分享給管理者許多建議，他們則與我們分享了許多新知識。感謝所有為本書內容提供靈感的人。

在此，我們要特別感謝為本書的寫作提供過幫助的人。首先，感謝拉爾・基德爾（Ralph Kidder）分享你作為財務長的經歷，以及你對管理員工職能的見解。里奇・科爾斯（Rich Cohrs）慷慨地為我們提供了他多年來對公司溝通方面的見解。非常感謝艾瑞克・甘倫（Erik Gamlem）提供關於員工在對新進領導者的期望上的想法和經驗。馬爾娜・海登（Marna Hayden）總是有很棒的想法，我們很欣賞你對多樣化和公司禮節的看法。十分感謝貝絲・吉利（Beth Gilley）多年來為我們提供有關員工協助方案的珍貴資訊。詹妮佛・惠特科姆（Jennifer Whitcomb）仍然是我們在員工指導方面的專家。同樣我們也十分感謝史蒂夫・多夫曼（Steve Dorfman）多年來和我們分享對顧客體驗的經驗和見解。

我們的「寫作生活」是一段旅程，一路上有很多人支持我們。我們最要感謝的是文稿代理人瑪麗蓮・艾倫（Marilyn Allen），她回答了我們無數的問題，提供了很多想法。妳是一位出色的指導者和倡導者，給予了我們很多建議和鼓勵，讓我們得以繼續寫作。出版社的工作人員不斷地給我們提供想法，並始終信任著我們。我們感謝所有人的支持，特別是和我們一起共事的編輯，他介紹給我們很多優秀的公共關係專業人士，這些專業人士讓我們備受大眾矚目。

我們不能忘記那些認可本書價值的圖書經銷商，他們把我們的書陳列在實體書店和網路商店的貨架上。我們由衷地感謝位於紐約第五大道的Barnes & Noble商業圖書部的經理卡爾・亨特（Cal Hunt），感謝他將《人力資源大辭典》（*The Big Book of HR*）這本書放在商業書籍架上的首列！

最後，我們要感謝所有的讀者朋友們。沒有追隨者，就沒有領導者。同理，沒有讀者，也就沒有作者。衷心地謝謝你們！

管理者解答之書（二版）：7大面向，116種問題，菜鳥也能快速對應

The Manager's Answer Book: Powerful Tools to Maximize Your Impact and Influence, Build Trust and Teams, and Respond to Challenges

作　　者　芭芭拉．米切爾（Barbara Mitchell）、科妮莉亞．甘倫（Cornelia Gamlem）
譯　　者　胡曉紅、張翔
責任編輯　夏于翔
協力編輯　王彥萍
內頁構成　李秀菊
封面美術　朱陳毅

發 行 人　蘇拾平
總 編 輯　蘇拾平
副總編輯　王辰元
資深主編　夏于翔
主　　編　李明瑾
業務發行　王綬晨、邱紹溢、劉文雅
行　　銷　廖倚萱
出　　版　日出出版
　　　　　地址：231030新北市新店區北新路三段207-3號5樓
　　　　　電話：02-8913-1005　傳真：02-8913-1056
　　　　　網址：www.sunrisepress.com.tw
　　　　　E-mail信箱：sunrisepress@andbooks.com.tw

發　　行　大雁出版基地
　　　　　地址：231030新北市新店區北新路三段207-3號5樓
　　　　　電話：02-8913-1005　傳真：02-8913-1056
　　　　　讀者服務信箱：andbooks@andbooks.com.tw
　　　　　劃撥帳號：19983379　戶名：大雁文化事業股份有限公司

印　　刷　中原造像股份有限公司
二版一刷　2024年6月
定　　價　450元
I S B N　978-626-7460-58-0

國家圖書館出版品預行編目（CIP）資料

管理者解答之書：7大面向，116種問題，菜鳥也能快速對應／芭芭拉．米切爾（Barbara Mitchell）、科妮莉亞．甘倫（Cornelia Gamlem）著；胡曉紅、張翔譯. -- 二版. -- 新北市：日出出版：大雁出版基地發行, 2024.06
320面；15×21公分
譯自：The manager's answer book : powerful tools to build trust and teams, maximize your impact and influence, and respond to challenges
ISBN 978-626-7460-58-0（平裝）
1.CST: 管理者　2.CST: 組織管理
494.2　　113007677